动物防疫实用技术与监督管理问题研究

蔡立安　任晓玲　王养会　著

吉林科学技术出版社

图书在版编目（CIP）数据

动物防疫实用技术与监督管理问题研究 / 蔡立安，

任晓玲，王养会著. -- 长春 ：吉林科学技术出版社，

2019.8

ISBN 978-7-5578-5714-1

Ⅰ．①动… Ⅱ．①蔡… ②任… ③王… Ⅲ．①动物防

疫—研究 Ⅳ．①S851

中国版本图书馆 CIP 数据核字 (2019) 第 159684 号

动物防疫实用技术与监督管理问题研究

著　蔡立安　任晓玲　王养会
出 版 人　李　梁
责任编辑　孙　默
装帧设计　张　丽
开　　本　787mm×1092mm　1/16
字　　数　110千字
印　　张　7.25
版　　次　2020年4月第1版
印　　次　2020年4月第1次印刷

出　　版　吉林科学技术出版社
发　　行　吉林科学技术出版社
地　　址　长春市龙腾国际出版大厦
邮　　编　130021
发行部电话/传真　0431-85635177　85651759　85651628
　　　　　　　　　85677817　85600611　85670016
储运部电话　0431-84612872
编辑部电话　0431-85635186
网　　址　www.jlstp.net
印　　刷　三河市元兴印务有限公司

书　　号　ISBN 978-7-5578-5714-1
定　　价　60.00元

前言

  本书在介绍动物防疫与监督的基本理论基础上，重点阐述了法定动物疫病的防疫、检疫技术。在编写过程中，我们本着理论"够用"并"管用"、传统技术与现代技术相融合、加强实践技能培养等原则，根据动物防疫、检疫工作及监管问题，进行了理论与实用技术的编写，并将监督管理工作中的问题及适用法律进行了研究与阐述。

  本书在编写过程中，力求做到内容丰富、新颖、简练，结合相关科研成果和生产实践，具有很强的实用性和可操作性，注重培养学生解决问题的能力。

  由于编者学术水平、编写能力所限，书中疏漏和不妥之处在所难免，敬请有关专家、同行和广大读者斧正。

目录

第1章 动物防疫基本知识

1.1 动物疫病

1.1.1 动物疫病的概念

动物疫病是指由某些特定的病原体引起的动物疾病。其病因通常为细菌、病毒和寄生虫。由细菌、病毒引起的疫病称为传染病，由寄生虫引起的疫病称为寄生虫病。

各种不同的病原体充斥着动物生存的环境，甚至存在于动物体内。在动物的整个生命活动中，不断地受到来自体内外不同病原体的攻击，这些病原体可能引起机体不同程度的损伤，使机体处于异常的生命活动中，其代谢、机能甚至组织结构多会发生改变，在临诊上可出现一系列异常的表现，同时表现出生产能力下降。与此同时，机体也会产生一系列的抗损伤反应，以清除致病因素的作用，恢复体内的平衡。

动物生产性能的降低，将给养殖业生产带来一定的损失，某些人、畜共患的疫病可能严重地影响人类的健康。以中国为例，2003 年春，SARS 横行肆虐；2004 年春，禽流感成为"不速之客"；2005 年夏，人猪链球菌感染对人类发起了进攻。SARS、禽流感、猪链球菌病大行其道，先后对人类的生命安全构成了巨大的威胁。

1.1.2 动物疫病发生的条件

1.动物的易感性

易感性是指动物对于某种传染病病原体感受性的大小。动物的易感性主要是由动物的遗传特征因素决定。外界环境如饲养管理、卫生条件、特异性免疫状态等因素也都可能直接影响到动物的易感性。

遗传因素是动物易感性的内在因素。不同种类的动物对于同一种病原体所表现出的临诊反应差别很大，例如，猪是猪瘟的唯一自然宿主，牛、羊不感染；鸡、火鸡、珠鸡及野鸭对新城疫都有易感性，以鸡最易感。外界环境因素是动物易感性的外界因素。外界环境因素包括饲料质量、畜舍卫生、防疫计划等。例如，冬季气温低，有利于病毒的生存，易发生病毒性传染病。而多数寄生虫的虫卵或幼虫需要温暖、潮湿的环境才能发育，所以寄生虫病多在夏秋季节感染。动物的特异性免疫状态是影响动物易感性的重要外界因素。例如，通过免疫接种，使动物在一段时间内产生特异性免疫力。

有些传染病，发生后经过一定的间隔时间，可能再度发生流行，这种现象称为动物疫病流行的周期性。造成这一现象的主要原因是动物易感性的增高：在一次流行之后，畜群免疫性提高，从而保护这个群体，但随着幼畜的出生，易感动物的比例逐渐增加，可能发生又一次流行。周期性的现象在牛、马等大动物群表现得比较明显，而猪和家禽等小动物一般表现不明显。由于小动物每年更新或流动的数量大，动物群易感性高，疫病可能每年流行，故周期性不明显。

2.病原体的毒力和数量

病原体引起疾病的能力称致病力。某一株微生物的致病力称毒力。

只有当具有较强毒力的病原体感染机体后，才能突破机体的防御屏障，在体内生长繁殖，引起传染过程，甚至导致传染病的发生。弱毒株或无毒株则不会引起疾病，因此人们可以利用弱毒株或无毒株生产菌 (毒)苗。

在体内生长繁殖的病原体，需经一定的生长适应阶段，只有当其生长繁殖到一定的数量并造成一定损伤时，动物才会逐渐表现出临床症状。

3.侵入门户

病原体进入动物机体的途径，称侵入门户。有些传染病的病原微生物侵入门户是比较固定的，如猪肺炎支原体只能通过呼吸道传染，破伤风杆菌必须经过深而窄的创伤感染，狂犬病病毒的侵入门户多限于咬伤。但也有很多病原体如猪瘟、鸡新城疫、巴氏杆菌病等，可通过多种途径侵入。

4.环境因素

与畜禽生产、生存有关的一切外部条件都属于环境的范畴。环境因素对动物疫病的发生起着重要影响作用。例如，秋、冬和初春气候骤变时，羊只受寒感冒或采食了冰冻带霜的草料，机体受到刺激，抵抗力减弱时，肠道内的腐败梭菌大量繁殖，容易导致羊快疫的发生。夏秋两季蚊蝇滋生，容易发生猪丹毒、马传染性贫血等以吸血昆虫为媒介的疫病。

某些传染病经常发生于一定的季节，或在一定的季节出现发病率显著上升的现象，称为流行过程的季节性。出现季节性的原因可能是不同季节对外界环境中存在的病原体产生影响、对活的传播媒介产生影响，以及对家畜的活动及其易感性产生影响。

1.1.3 动物疫病的特征

1.具有特异性的病原体

每种动物疫病的发生都是由特异的病原体引起的。疫病种类不同，则病原体不同。如猪瘟是由猪瘟病毒引起，鸡蛔虫病是由鸡蛔虫引起。

2.具有传染性和流行性

传染性是指疫病可以由病畜禽传染给具有易感性的健康畜禽，并出现相同症状。传染性是疫病与普通病相区别的重要特征。流行性是指同一种传染病于一定时间内在动物群体中蔓延扩散，使许多动物相继患病。

3.被感染机体发生特异性反应

动物患病后，由于受病原微生物或寄生虫的不断刺激，机体发生免疫生物学反应，产生特异性抗体或变态反应等。这种特异性反应可以用血清学方法等特异性反应检查出来。

4.传染病具有特征的临诊表现

大多数传染病都具有其特征的综合症状和一定的潜伏期以及病程经过。

5.寄生虫病多呈慢性经过且地方性强

大多数寄生虫在动物体内只是完成个体发育而不增加数量，并且一般不产生毒素，所以寄生虫病很少急性发病，多呈慢性经过。由于宿主、中间宿主的分布有较强的地方性，所以寄生虫病多呈地方性流行。

1.2 动物疫病的流行过程

1.2.1 流行过程的概念

疫病的流行过程，就是从家畜个体感染发病发展到家畜群体发病的过程，也就是疫病在畜群中发生和发展的过程。

1.2.2 流行过程的基本环节

疫病流行过程中的三个基本环节为传染来源 (或称传染源)、传播途径和易感畜群。

(一) 传染来源

传染来源是指某种传染病的病原体在其中寄居、生长、繁殖，并能排出体外的动物机体。包括患病动物和带菌、带毒、带虫的动物。

1.患病动物

患病动物是重要传染来源。前驱期和症状明显期的病畜能排出病原体，尤其是在急性过程或病程转剧阶段可排出毒力强大的病原体，因此作为传染源的作用最大。潜伏期和恢复期的病畜是否具有传染源的作用，则随病种不同而异。

2.带菌 (毒、虫)动物

动物感染某种病原体以后，由于动物自身的抵抗力或通过药物治疗或二者相互适应的结果，动物不表现出临床症状。但体内有某种病原体存在并繁殖，并能不断向外界排出，但缺乏症状不易被发现，有时可成为十分重要的传染来源。

被病原体污染的外界环境因素 (如畜舍、饲料、水源、空气、土壤等)，虽能起着传播病原体的作用，但不适于病原体的生长繁殖，所以不是传染来源，称为传染媒介、传播媒介或媒介物。

(二) 传播途径

病原体由传染源排出后，经一定的方式再侵入其他易感动物所经的途径称为传播途径。

疫病的传播可分为两大类：水平传播和垂直传播。前者是指疫病在群体之间或个体之间以水平形式横向平行传播，后者是指从母体到其后代两代之间的传播。

水平传播又有直接接触传播和间接接触传播两种方式。

1.直接接触传播

由健康动物与被感染的动物直接接触而引起的传播。例如，马媾疫通过交配传播；狂犬病只有在被病畜咬伤，并随着唾液将狂犬病病毒带进伤口的情况下，才有可能引起狂犬病。以直接接触为主要传播方式的疫病为数不多。直接接触传播的流行特点是，一个接一个地发生，形成明显的连锁状，流行速度比较慢，传播范围有限，不易造成广泛的流行。

2.间接接触传播

病原体通过传播媒介使易感动物发生传染的方式，称为间接接触传播。大多数疫病都是通过这种方式传播的。从传染源将病原体传播给易感动物的各种外界环境因素称为传播媒介。传播媒介可能是生物，也可能是无生命的物体。

(1)经污染的饲料、饮水传播 这是常见的一种方式。传染源传播出的病原微生物，污染了饲料、饮水等，常引起以消化道为侵入门户的疫病，很多传染病如口蹄疫、炭疽等都是通过这一途径传播的。

(2)经空气传播 经飞散于空气中带有病原体的微细泡沫而散播的传染称为飞沫传播。

所有的呼吸道传染病主要是通过飞沫传播的，如口蹄疫、鸡传染性喉气管炎、结核病等。当飞沫中的水分蒸发干后，成为蛋白质和细菌或病毒组成的飞沫核，飞沫核亦可引起感染。病畜的排泄物和分泌物及处理不当的尸体污染了土壤，干燥后，病原微生物随尘埃在空气中飞扬，被易感动物吸入而引起传染，称为尘埃传染。

经空气传播的流行特点是：病例常连续发生，患畜多为传染源周围的易感动物。潜伏期短的传染病，在易感动物集中时可形成爆发。季节性和周期性比较明显，一般以冬春季节多见。疾病的发生常与畜舍条件有关。

(3)经土壤和水传播 传染源排出的病原微生物，污染了土壤，易感动物经被污染的土壤传染。如破伤风芽孢杆菌等的芽孢，能在土壤中长期生存，易感动物的伤口被土壤中的破伤风芽孢杆菌污染后可能发生破伤风。经土壤传播的传染病，其病原体对外界环境的抵抗力较强，疫区存在时间较长。

经水传播的动物疫病多为寄生虫病。例如，肝片吸虫的虫卵在水中孵出毛蚴，进入锥实螺体内，经进一步发育，再感染健康牛羊。

(4)经生物媒介传播 节肢动物、野生动物及人类是主要的生物媒介。

节肢动物中作为动物疫病的媒介者主要是虻类、螫蝇、蚊、蠓、家蝇和蜱等。大多数病原体被机械性地传播，例如家蝇活动在畜体与排泄物、分泌物、饲料之间，传播消化道疾病。少数是生物性传播，如立克次体在感染家畜前，必须在节肢动物体内发育到一定阶段，才能致病。

经野生动物的传播分为两类：一类是机械地传播疾病，如鼠类机械地传播口蹄疫；另一类是感染后再传染给畜禽，如狼将狂犬病传染给家畜。

人类可将某些人、畜共患病传染给动物，如结核病、口蹄疫等。另外，饲养人员和兽医在防疫卫生工作做得不彻底时，也可传播病原体。如将衣帽、鞋底的病原体传播给健康动物，注射器消毒不彻底可能成为鸡新城疫、猪瘟的传播媒介。

垂直传播包括经胎盘传播、经卵传播和经产道传播。从广义上讲垂直传播属于间接接触传播。动物疫病的传播途径比较复杂，每种疫病都有其特定的传播途径。有的可能只有一种，如狂犬病、破伤风等；有的有多种途径，如口蹄疫可通过空气、饲料、饮水等途径传播。

(三) 易感畜群

动物群中易感个体所占的百分率和易感性的高低，直接影响到传染病是否能造成流行以及疫病的严重程度。一般说来，如果动物群中有 70%~80% 的个体是有抵抗力的，就不会发生大规模的暴发流行。当引进新的易感动物时，畜群免疫性可能逐渐降低以致引起流行。

在一次流行之后，畜群免疫性提高，从而保护这个群体，但随着幼畜的出生，易感动物的比例逐渐增加，可能发生又一次流行。

综上所述，疫病的流行，必须同时具备传染来源、传播途径和易感畜群三个基本环节，它们彼此紧密关联，缺少任何一个环节，流行过程就不会形成。因此，针对三个基本环节采取有效措施，消除传染源，切断传播途径，增强畜禽的抵抗力，就可以中断或杜绝疫病的流行。这是防疫和扑灭动物疫病的主要手段。

1.3　动物防疫计划

根据本场饲养的动物种类与规模、饲养方式、疫病发生情况等而制订具体的预防措施称为防疫计划。

防疫计划的主要内容应包括如下几方面。

①动物疫病防治的方法与步骤，如疫病检测与诊断手段、疫病报告制度，消毒液的种类和浓度、用量、消毒范围，疫区、威胁区和封锁区的确定，染疫动物的处理等。

②人员组织及分工，明确各类人员的责任、权限和主要任务。

③经费来源及所需物资，包括疫苗、消毒药品、治疗药品、防护用品、器械等。

④统筹考虑防疫接种及消毒的对象、时间、接种的先后次序等。

防疫计划是在防疫方针的指导下完成的，并且防疫计划应该与其他防疫措施配合应用。

1.3.1 防疫方针和措施

(一) 防疫方针

在动物防疫工作中，预防是基础。预防动物疫病应贯彻 "预防为主，养防结合，防重于治"的方针，把预防动物疫病的工作放在兽医工作的首位。

(二) 防疫措施

由于传染来源、传播途径、易感畜群三个基本环节的相互联系，导致疫病的传播流行，因此，为了预防和扑灭疫病，必须采取 "养、防、检、治"为基本环节的综合性防疫措施。综合性防疫措施包括预防措施和扑灭措施两部分。以预防疫病发生为目的而采取的措施称为预防措施；以控制、扑灭已经发生的疫病为目的所采取的措施，称为扑灭措施。

1.平时的预防措施

(1)加强饲养管理 保证饲料营养全面合理，控制饲养密度，做好防寒防暑等工作，以减少或杜绝动物应激反应，增强动物机体的抗病能力。结合本地的具体条件，制订出比较合理的防疫计划。

(2)搞好环境卫生 注意做好粪便的无害化处理。定期进行消毒、杀虫、灭鼠工作，消灭传染源和传播媒介，切断传播途径，减少并控制疫病发生。

(3)做好免疫接种工作 根据本地区、本场疫病发生的实际情况，制订并切实执行定期预防接种和补种计划，降低圈养动物的易感性。

(4)加强动物检疫 认真贯彻执行国家有关动物防疫检疫法律法规，防止外来疫病的侵入，及时发现并淘汰阳性畜禽。

(5)搞好联防协作 动物防疫监督机构应调查研究当地疫情分布情况，组织相邻地区对家畜传染病的联防协作，有计划地进行消灭和控制，逐步建立无规定动物疫病区。

2.发生疫病时的扑灭措施

当发生动物疫病时，应贯彻 "早、快、严、小"的原则，立即报告当地动物防疫监督机构或畜牧兽医站，并接受其防疫指导和监督检查。

(1)上报疫情 及时发现病情，尽快作出确切诊断，迅速上报疫情。

(2)隔离、封锁疫区 迅速隔离病畜，污染的地方进行消毒。发生危害性大的疫病时如口蹄疫、炭疽等应采取封锁等综合性防疫措施。

(3)紧急免疫接种 通过紧急免疫接种及时治疗病畜。没有治疗价值或法定需淘汰的病畜应及时淘汰。

(4)合理处理病畜尸体。

以上预防措施和扑灭措施是相互联系、相互配合和相互补充的。

1.3.2 《动物防疫法》

为了加强对动物防疫活动的管理，预防、控制和扑灭动物疫病，促进养殖业发展，保护人体健康，维护公共卫生安全而制定《中华人民共和国动物防疫法》(以下简称《动物防疫法》)。

1.新《动物防疫法》的调整内容和适用范围

1997年7月3日第八届全国人民代表大会常务委员会第二十六次会议审议通过了《动物防疫法》，并于1998年1月1日正式实施。2015年4月24日第十二届全国人民代表大会常务委员会第十四次会议对其进行修订，修订后的《动物防疫法》于公布之日起施行。

《动物防疫法》修订如下：删去第二十条第一款中的"需要办理工商登记的，申请人凭动物防疫条件合格证向工商行政管理部门申请办理登记注册手续"；删去第五十一条中的"申请人凭动物诊疗许可证向工商行政管理部门申请办理登记注册手续，取得营业执照后，方可从事动物诊疗活动"；删去第五十二条第二款中的"并依法办理工商变更登记手续"。

《动物防疫法》适用于在中华人民共和国领域内的动物防疫及其监督管理活动。进出境动物、动物产品的检疫，适用《中华人民共和国进出境动植物检疫法》。

2.《动物防疫法》中疫病的分类

根据动物疫病对养殖业生产和人体健康的危害程度，《动物防疫法》规定管理的动物疫病分为下列三类。

(1)一类疫病 是指对人与动物危害严重，需要采取紧急、严厉的强制预防、控制、扑灭等措施的。

(2)二类疫病 是指可能造成重大经济损失，需要采取严格控制、扑灭等措施，防止扩散的。

(3)三类疫病 是指常见多发、可能造成重大经济损失，需要控制和净化的。

3.动物防疫和检疫的关系根据 《动物防疫法》的规定，动物防疫是指动物疫病的预防、控制、扑灭和动物、动物产品的检疫。动物检疫是动物防疫的重要内容。尽管动物防疫包含了动物检疫的内容，但是随着研究方法、研究对象的具体化，逐步形成了动物防疫和动物检疫两个既相互联系又彼此独立的体系。

第2章 动物防疫技术

2.1 免疫接

2.1.1 动物免疫接种基本知识

(一) 免疫接种的概念、 目的和意义

免疫接种是根据特异性免疫的原理，采用人工方法使动物接种疫苗、类毒素或免疫血清等生物制品，使机体产生对相应病原体的抵抗力，即主动免疫或被动免疫。

通过免疫接种的手段可使易感动物转化为非易感动物，从而达到预防和控制疫病的目的。在预防疫病的诸多措施中，免疫预防接种是一种经济、方便、有效的手段，对增进动物健康起着重要作用。

(二) 免疫接种的分类

根据免疫接种的时机不同，可分为预防免疫接种和紧急免疫接种。

1.预防免疫接种

未发生疫病时，有计划地给予健康动物进行免疫接种，叫预防免疫接种。例如根据免疫接种计划而进行的免疫，属于预防免疫接种。

预防免疫接种要有针对性，如本地区哪些疫病有潜在威胁，有时甚至邻近地区有哪些疫情，针对所掌握的这些情况，制订每年的预防接种计划。

2.紧急免疫接种

发生疫病时，为迅速控制和扑灭疫病的流行，而对疫区和受威胁区内尚未发病动物进行的免疫接种叫紧急免疫接种。

理论上说，紧急免疫接种使用高免血清较安全有效，但高免血清用量大，价格高，产生的免疫期短，不能满足实际使用需求。实践证明，对于某些疫病使用疫苗进行紧急免疫接种，也可取得较好的效果。

紧急免疫接种前，必须检查动物的健康状态。因为紧急免疫接种仅能使健康的动物获得保护力。对于患病动物或处于潜伏期的动物，紧急免疫接种能促使其更快发病。

在受威胁区进行紧急免疫接种，其目的是建立"免疫带"以包围疫区，阻止疫病向外传播。紧急免疫接种必须与疫区的隔离、封锁、消毒等综合措施配合。

(三) 疫苗种类

目前，已知的疫苗概括起来分为全微生物疫苗和生物技术疫苗。其中全微生物疫苗包括活疫苗、灭活疫苗、代谢产物和亚单位疫苗。生物技术疫苗包括基因工程重组亚单位疫苗、合成肽疫苗、抗独特型疫苗、基因工程重组活载体疫苗、基因缺失疫苗以及核酸疫苗等。

1.全微生物疫苗

(1)活疫苗 活疫苗又分为弱毒疫苗和异源疫苗两种。

弱毒疫苗是指通过人工诱变获得的弱毒株、筛选的天然弱毒株或失去毒力但仍保持抗原性的无毒株所制成的疫苗，是目前生产中使用最广泛的疫苗种类。接种后能在体内生长繁殖，因此用量小，免疫期长。

异源疫苗是指通过含共同保护性抗原的不同病毒制成的疫苗。如预防马立克病的火鸡疱疹病毒疫苗和预防鸡痘的鸽痘弱毒疫苗等。

活疫苗会出现异种微生物或同种强毒污染的危险，经接种途径人为地传播疫病。

(2)灭活疫苗 病原微生物经理化方法灭活后，仍保留其免疫原性，接种后使动物产生特异性抵抗力，这种疫苗称为灭活疫苗或死疫苗。灭活疫苗研制周期短，安全性好，不散毒，不需低温保存，便于制备多价苗和联苗。此种苗只能注射接种，不适于滴鼻、点眼、气雾和饮水免疫。

(3)代谢产物和亚单位疫苗 包括：

①多糖蛋白结合疫苗 (如B型流感嗜血杆菌荚膜多糖蛋白结合疫苗、伤寒Vi多糖疫苗等)；②类毒素疫苗 (如破伤风类毒素、白喉类毒素等)；③亚单位疫苗 (如脑膜炎球菌多糖疫苗、肺炎球菌荚膜多糖疫苗和口蹄疫疫苗、流感血凝素疫苗等)。

2.生物技术疫苗

(1)基因工程重组亚单位疫苗 又称生物合成亚单位疫苗,是用DNA重组技术,将编码病原微生物保护性抗原的基因导入原核细胞或真核细胞,使其在受体细胞中高效表达,分泌保护性抗原肽链。提取保护性抗原肽链,加入佐剂即制成基因工程重组亚单位疫苗。基因工程重组亚单位疫苗安全性好,稳定性好,便于保存和运输,产生的免疫应答可以与感染产生的免疫应答相区别。

(2)合成肽疫苗 使用化学合成法人工合成病原微生物的保护性多肽,并将其连接到大分子载体上,再加入佐剂制成的疫苗。若在同一载体上连接多种保护性肽链或多个血清型的保护性抗原肽链,一次免疫就可预防几种传染病或几个血清型。

(3)抗独特型疫苗 抗独特型疫苗又称内影像疫苗,可以模拟抗原,刺激机体产生与抗原特异性抗体具有同等免疫效应的抗体。

(4)基因工程重组活载体疫苗 是用基因工程技术将保护性抗原基因,转移到载体中使之表达的活疫苗。以痘病毒为例,痘病毒一次可插入大量的外源基因,制成多价苗和联苗,一次注入可产生多种病原的免疫力。该类活载体疫苗具有传统疫苗的许多优点,而且为多价苗和联苗的生产开辟了新路,是当今与未来疫苗研制与开发的主要方向之一。

(5)基因缺失疫苗 是用基因工程技术将强毒株毒力相关的基因切除构建的活疫苗。基因缺失疫苗安全性好,不易返祖;其免疫接种与强毒株感染相似,机体对多种病毒产生免疫应答;免疫力坚实,免疫期长。

(6)核酸疫苗 包括DNA疫苗和RNA疫苗,由编码能引起保护性免疫反应的病原体抗原的基因片段和载体构建而成。进入机体的核酸疫苗不与宿主染色体结合,目的基因可在动物体内表达,进而刺激机体产生免疫应答。核酸疫苗克服了减毒活疫苗可能返祖，并导致病毒发生变异而对新型的变异株不起作用的缺点。所以，核酸疫苗有望成为传染病的新型疫苗。

(7)转基因植物疫苗 是把植物基因工程技术与机体免疫机理相结合，生产出能使机体获得特异抗病能力的疫苗。

(8)多价苗和联苗 将同一种细菌或病毒的不同血清型混合制成的疫苗，例如，巴氏杆菌多价苗、大肠杆菌多价苗等。联苗是指由两种以上的细菌 (或病毒)联合制成的疫苗。一次免疫可达到预防几种疾病的目的。例如，猪瘟-猪丹毒-猪肺疫三联苗，新城疫-减蛋综合征-传染性法氏囊病三联苗等。

(四) 免疫常用疫 (菌) 苗及免疫有效期

由于不同地区的疫病流行情况不同，所以不同地区免疫常用疫 (菌)苗种类不同。表 2-1~表 2-3 列举出部分畜禽常见疫病的疫苗名称及免疫期等内容，供制订免疫接种计划时参考。

表 2-1 家禽常用疫苗

疫苗种类	用法与用量	免疫期
鸡新城疫 I 系弱毒冻干苗	皮下注射,0.1ml,或刺种 2 下,或肌内注射 1ml,饮水免疫时 3 倍量	12 个月以上
鸡新城疫 Lasota 系弱毒疫苗	按瓶签注明羽份,可点眼、滴鼻、饮水、气雾	3 个月
鸡新城疫 II 系弱毒冻干苗	按瓶签注明羽份,可点眼、滴鼻、饮水、气雾	随鸡的免疫状态与时机不同而异
鸡新城疫 C_{30} 弱毒冻干苗	按瓶签注明羽份,可点眼、滴鼻、饮水、气雾	2 个月
鸡新城疫 V_4 克隆株弱毒冻干苗	按瓶签注明羽份,可点眼、滴鼻、饮水、气雾	2 个月
鸡痘鹌鹑化弱毒冻干疫苗	按瓶签注明羽份,稀释,刺种	雏鸡 2 个月,成鸡 5 个月
马立克病"814"弱毒疫苗	皮下注射或肌内注射,0.2ml	18 个月
鸡马立克病火鸡疱疹病毒冻干苗	皮下注射或肌内注射,0.2ml	12 个月
鸡传染性支气管炎弱毒冻干苗(H_{52},H_{120})	H_{120}疫苗用于雏鸡,H_{52}疫苗用于 1 月龄以上的鸡,按瓶签注明羽份,可滴鼻或饮水免疫	H_{120}疫苗 2 个月,H_{52}疫苗 6 个月
鸡传染性喉气管炎弱毒冻干苗	按瓶签注明羽份,可滴鼻、点眼或饮水免疫	3~6 个月
鸭瘟鸡胚化弱毒冻干苗	肌内注射 1ml	9 个月,初生雏鸭 1 个月
小鹅瘟鸭胚化弱毒疫苗	肌内注射 1ml	8 个月

注：引自邢钊等，兽医生物制品实用技术，2000。

表 2-2 猪常用疫苗疫

疫苗种类	用法与用量	免疫期
猪瘟兔化弱毒疫苗	肌内注射或皮下注射 1ml,断奶前仔猪每头注射 4 头份剂量	12 个月
猪瘟结晶紫疫苗	皮下注射	6 个月
猪丹毒 G_4T_{10} 弱毒冻干苗	皮下注射 1ml	6 个月
猪丹毒 GC_{42} 弱毒疫苗	皮下注射 1ml(含菌 7 亿),或经口给予 2ml(含菌 14 亿)	6 个月
猪丹毒氢氧化铝灭活疫苗	皮下或肌内注射,10kg 以上 5ml,10kg 以下 3ml,45 天以后再注射 3ml	6 个月
猪肺疫氢氧化铝灭活疫苗	断奶后猪肌内或皮下注射 5ml	6 个月
猪瘟、猪丹毒、猪肺疫三联活疫苗	2 月龄以上猪肌内注射 1ml	猪瘟 12 个月,猪丹毒、猪肺疫 6 个月
猪瘟、猪丹毒二联活疫苗	2 月龄以上猪肌内注射 2ml	猪瘟 12 个月,猪丹毒 6 个月
猪链球菌弱毒疫苗	皮下或肌内注射 1ml,经口给予时剂量加倍	暂定 6 个月

表 2-3 牛、羊常用疫苗

疫苗种类	用法与用量	免疫期
气肿疽甲醛疫苗	牛皮下注射 5ml/头·次,羊皮下注射 1ml/只·次	6 个月
布氏杆菌猪型 2 号弱毒疫苗	经口给予,羊 100 亿活菌/只·次 牛 500 亿活菌/只·次	12 个月
牛羊黑疫、快疫二联氢氧化铝疫苗	羊肌内或皮下注射 3ml/只·次 牛肌内或皮下注射 10ml/只·次	12 个月
羊链球菌灭活疫苗	皮下注射 3ml/只·次	6 个月
羊痘鸡胚化弱毒冻干疫苗	羊尾根皮内注射 0.5ml/只·次	绵羊 12 个月,山羊 6 个月
山羊传染性胸膜肺炎氢氧化铝疫苗	6 个月以内的山羊皮下或肌内注射 3ml/只·次,6 个月以上的山羊皮下或肌内注射 5ml/只·次	12 个月
牛出败氢氧化铝疫苗	100kg 以下的牛肌内或皮下注射 4ml/头,100kg 以上的牛肌内或皮下注射 6ml/头	9 个月

注:引自邢钊等,兽医生物制品实用技术,2000。

2.1.2 动物免疫标识的有关规定

《畜禽标识和养殖档案管理办法》(中华人民共和国农业部令第 67 号)第二章明确规定了畜禽标识管理。在中华人民共和国境内从事畜禽及畜禽产品生产、经营、运输等活动,应当遵守本办法。

畜禽标识是指经农业部批准使用的耳标、电子标签、脚环以及其他承载畜禽信息的标识物。畜禽标识实行一畜一标,编码应当具有唯一性。其编码由畜禽种类代码、县级行政区域代码、标识顺序号共 15 位数字及专用条码组成。猪、牛、羊的畜禽种类代码分别为1、2、3。编码形式为：× (种类代码)—×××××× (县级行政区域代码)—××××××××(标识顺序号)。畜禽标识不得重复使用。

2.1.3 相关行政、法规责任

农业部负责全国畜禽标识的监督管理工作，制定并公布畜禽标识技术规范，生产企业生产的畜禽标识应当符合该规范规定。畜禽标识生产企业不得向省级动物疫病预防控制机构以外的单位和个人提供畜禽标识。省级动物疫病预防控制机构统一采购畜禽标识，逐级供应。

畜禽养殖者应当向当地县级动物疫病预防控制机构申领畜禽标识，并按照下列规定对畜禽加施畜禽标识。

(1)新出生畜禽，在出生后30天内加施畜禽标识；30天内离开饲养地的，在离开饲养地前加施畜禽标识；从国外引进畜禽，在畜禽到达目的地10日内加施畜禽标识。

(2)猪、牛、羊在左耳中部加施畜禽标识，需要再次加施畜禽标识的，在右耳中部加施。

畜禽标识严重磨损、破损、脱落后，应当及时加施新的标识，并在养殖档案中记录新标识编码。动物卫生监督机构实施产地检疫时，应当查验畜禽标识。没有加施畜禽标识的，不得出具检疫合格证明。动物卫生监督机构应当在畜禽屠宰前，查验、登记畜禽标识。畜禽屠宰经营者应当在畜禽屠宰时回收畜禽标识，由动物卫生监督机构保存、销毁。畜禽经屠宰检疫合格后，动物卫生监督机构应当在畜禽产品检疫标志中注明畜禽标识编码。省级人民政府畜牧兽医行政主管部门建立畜禽标识及所需配套设备的采购、保管、发放、使用、登记、回收、销毁等制度。

2.2　消　毒

2.2.1　消毒的基本概念

利用物理、化学和生物方法清除并杀灭外界环境中所有病原体的措施叫消毒。消毒的目的是消灭被传染源散播于外界环境中的病原体，切断传播途径，阻止疫病的继续蔓延、扩散。及时正确的消毒可有效切断传播途径，阻止疫病的继续蔓延、扩散。因此，消毒是综合性防疫的重要措施之一。

2.2.2　消毒的种类

根据消毒的时机和目的不同分为预防性消毒、随时消毒和终末消毒。

1.预防性消毒

在平时为预防疫病的发生而采取的消毒措施即预防性消毒。例如结合平时的饲养管理条件对圈舍、饲养用具、屠宰工具、运输工具等进行的消毒措施。

2.随时消毒

在发生疫病期间，为及时杀灭患病动物排出的病原体而采取的消毒措施即随时消毒。例如在隔离封锁期间，对患病动物的排泄物、分泌物和可能被污染的环境及用具、物品等进行的多次消毒。

3.终末消毒

终末消毒，即在疫病控制、平息之后，为了消灭疫区可能残留的病原体而采取全面、彻底的大消毒。

2.2.3　消毒方法

(一) 机械性清除

使用机械的方法清除病原体。例如采用清扫、洗刷、通风和过滤等手段，清除存在于环境中的病原体，可大大减少环境中和物体表面病原体的数量。因此，机械性清除在工作实践中最常用，且简单易行。机械性清除不能彻底杀灭病原体，需要配合化学消毒。例如，在清扫畜舍地面前，应根据地面是否干燥，病原体危害大小，而考虑是否先用清水或某些化学消毒剂喷洒，以避免病原体随尘土飞扬，影响人畜健康。

(二) 物理消毒法

物理消毒法是指用物理方法杀灭病原体。

1.阳光、紫外线

太阳光谱中的紫外线具有较强的杀菌能力，而且阳光照射的灼热以及水分蒸发所致的干燥亦具有杀菌作用。革兰阴性菌对紫外线最敏感，革兰阳性菌次之。紫外线对细菌芽孢无效。一般病毒对紫外线也敏感。一般病毒和非芽孢病原菌在强烈阳光下反复曝晒，其致病力可减少甚至消失。所以，阳光曝晒对于牧场、草地、畜栏、用具和物品等的消毒而言是一种简单、经济的方法。阳光的强弱直接关系其消毒效果，而阳光的强弱又与多种因素 (例如季节、时间、纬度及云层等) 有关，所以利用阳光消毒应根据实际情况灵活掌握，并配合其他消毒方法进行。在实际工作中，人工紫外线常被用来进行空气消毒。消毒灭菌的紫外线的波长范围是 200~275nm，杀菌作用最强的波段是 250~270nm。紫外线只对表面光滑的物体才有好的效果，而且对人有一定损害。

2.高温

(1)火焰的烧灼和烘烤

①焚烧法。用于疫病病畜禽尸体、垫草、病料以及污染的垃圾、废弃物等物品的消毒，可直接点燃或在焚烧炉内焚烧。焚烧法简单有效，但是由于很多物品不耐高温，限制了本法的使用。

②烧灼法。适用于实验室的接种针、接种环、试管口、玻璃片等耐热器材的消毒或灭菌。

(2)蒸汽消毒　相对湿度在 80%~100% 的蒸汽遇到温度较低的物品后凝结成水，同时放出大量能量，因而能达到消毒的目的。例如，对各种耐热玻璃器皿如试管、吸管等实验器材的消毒。在一些交通检疫站，设有蒸汽锅炉对运输的车皮、船舱等进行消毒。若配合化学消毒，蒸汽消毒能力可以得到加强。蒸汽消毒主要用在实验室和死病畜化制站。

(3)煮沸消毒　煮沸消毒是最常用的消毒方法之一，此法效果比较可靠。大部分非芽孢病原微生物在100℃沸水中迅速死亡。大多数芽孢在煮沸后15~30min，亦被致死。若配合化学消毒，可以提高煮沸消毒的效果。例如，在煮沸金属器械时加入2%碳酸钠，可提高沸点，并使溶液偏碱性，增强杀菌力，同时还可减缓金属氧化，具有一定的防锈作用。

(三) 化学消毒法

化学消毒法是指用化学药物 (消毒药品)杀灭病原体。根据化学药物 (消毒药品)作用和杀灭能力分为灭菌剂和杀菌剂，两者的统称为消毒剂。由于消毒剂和被消毒对象种类繁多，所以化学消毒法也很多。

(四) 生物消毒法

生物消毒法是指用生物热杀灭、清除病原体。生物消毒法主要用于污染粪便的无害处理。在粪便堆积过程中，粪便中的微生物发酵产热，可使温度高达70℃以上。经过一定时间，可以杀死病毒、细菌 (芽孢除外)、寄生虫卵等病原体。生物消毒法既可以达到消毒的目的，又保证了粪便的肥力。在发生一般疫病时，生物消毒法是一种很好的粪便消毒法，但不适用于由产芽孢病菌所污染的粪便消毒，这种粪便最好予以焚毁。

2.2.4 消毒剂

根据化学消毒剂的不同结构，可以将消毒剂分为以下十类。

(一) 碱类

强碱化合物包括钠、钾、钙和铵的氢氧化物，弱碱化合物包括碳酸盐、碳酸氢盐和碱性磷酸盐。养殖场常用的碱类消毒剂为氢氧化钠、生石灰和草木灰。

1.氢氧化钠 (苛性钠、火碱)

氢氧化钠的杀菌作用很强，常用于病毒性污染及细菌性污染和消毒，对细菌芽孢和寄生虫卵也有杀灭作用。常用于养殖场、环境、用具消毒。其用法是：1%~2%

的溶液用于病毒性和细菌性污染的消毒；5%的溶液用于杀灭细菌芽孢。氢氧化钠对金属有腐蚀性，对纺织品、漆面等有损害作用，亦能灼伤皮肤和黏膜。所以消毒畜舍前，应驱出家畜，隔半天时间以水冲洗饲槽、地面后，才可以让家畜进圈。由于氢氧化钠放置在空气中易吸收二氧化碳和湿气而潮解，故须密闭保存。

2.石灰乳

用于消毒的石灰乳是生石灰 (氧化钙)1 份加水 1 份制成熟石灰 (氢氧化钙，又称消石灰)，然后用水配成 10%~20%的混悬液。石灰乳有相当强的消毒作用，对一般病原体有效，对芽孢无效。常粉刷于墙壁、地面、粪渠及污水沟等处进行消毒。消毒浓度为 10%~20%。生石灰 1kg 加水 350ml 制成的粉末，也可撒布在阴湿地面、粪池周围及污水沟等处进行消毒。直接将生石灰撒播到干燥地面不起消毒作用，反而使畜 (禽)蹄部干燥开裂。由于熟石灰能吸收空气中的二氧化碳，所以石灰乳必须现用现配，不宜久储。

3.草木灰

草木灰主要含有碳酸钾。浓度为 20%~30%的草木灰主要用于圈舍、运动场、墙壁及食槽的消毒。

(二) 酸类

乳酸对多种病原体具有杀灭和抑制作用,能杀死流感病毒及某些革兰阳性菌。常用于蒸气消毒。乳酸蒸气消毒时，将乳酸稀释成质量分数为 20%的溶液，在密闭室内置于器皿中加热蒸发 30~90min 即可。本品放置在空气中有吸湿性，故应密闭保存。

(三) 醇类

乙醇可杀灭一般的病原体，但不能杀死细菌芽孢，对病毒也无显著效果。为临诊常用的消毒剂，常用浓度为 75%的乙醇进行消毒。

(四) 酚类

1.来苏尔

来苏尔又称煤酚皂溶液，本品可杀灭一般的病原菌，但不能杀灭细菌芽孢。主要用于畜禽舍、用具和排泄物的消毒。3%~5%的水溶液用于消毒器械，洗手；5%~10%的水溶液用于圈舍和排泄物等消毒。由于本品有臭味，不能用于肉品、蛋品的消毒。

2.克辽林

克辽林又称臭药水，煤焦油皂溶液，由粗制煤酚，加入肥皂、树脂和氢氧化钠制成。可杀灭一般的病原菌。3%~5%的水溶液用于畜禽舍、用具和排泄物的消毒。

3.复合酚

复合酚是质量分数为41%~49%的酚和质量分数为22%~26%的乙酸的混合物，抗菌谱广，能杀灭细菌、霉菌和病毒，对多种寄生虫卵亦有杀灭作用，稳定性好，安全性高。

0.5%~1%的水溶液用于动物圈舍、笼具、排泄物等的消毒；熏蒸用量为2g/m3。商品名为菌毒敌、农福、农富等。

(五) 卤素类

1.漂白粉

漂白粉又称氯化石灰，是一种广泛应用的消毒剂。本品是次氯酸钙、氯化钙和氢氧化钙的混合物，有效氯含量一般为25%~32%，但有效氯易散失。在妥善保存的条件下，有效氯每月损失1%~3%。当有效氯低于16%即不宜应用。因此，在使用漂白粉前应测定其有效氯含量。本品应密闭保存，置于干燥、通风处。漂白粉可用于饮水、畜禽舍、用具、车辆及排泄物的消毒。5%澄清液可用于饲槽、水槽及车辆等的消毒，10%~20%乳剂可用于被污染的畜禽舍、车辆和排泄物的消毒，将干粉剂与粪便以1:5的比例均匀混合，可进行粪便消毒。由于次氯酸杀菌迅速且无残留物和气味，因此常用于食品厂、肉联厂设备和工作台面等物品的消毒。

2.氯胺

氯胺又称氯亚明，含有效氯11%以上。性质稳定，在密闭条件下可长期保存，易溶于水。其消毒作用温和而持久。0.0004%溶液用于饮水消毒，0.5%~5%溶液用于被污染的畜

禽舍及器具的消毒。

3.二氯异氰尿酸钠

二氯异氰尿酸钠又称优氯净，新型广谱高效安全消毒剂，对细菌、病毒均有

显著杀灭效果。可用于饮水、器具、环境和粪便的消毒。0.5%~1%水溶液采用喷洒、浸泡、擦拭等方法可杀灭病原体，5%~10%水溶液能杀灭细菌芽孢。本品干粉与粪便以1：5的比例混合，可以消毒粪便。场地消毒时，用量为10~20mg/m2，作用2~4h。冬季0℃以下时，50mg/m2，作用16~24h以上。饮水消毒时，用量为4mg/L，作用30min。

4.碘酊

碘酊可用于皮肤及手术部位消毒。用2%碘酊或3%~5%碘酊涂擦皮肤，待稍干后再用70%乙醇将碘擦去。也可用于饮水消毒，可在1L水中加入2%碘酊5~6滴，能杀死致病菌及原虫，15min后可供饮用。

(六) 重金属类

升汞 (HgCl2)杀菌力强，但对芽孢、病毒无效。0.1%~0.2%升汞溶液用作非金属器械、聚乙烯类制品、棉花、纱布等消毒。本品有剧毒，刺激性较大，不能直接用于伤口，能腐蚀金属，不宜用于金属消毒。

(七) 表面活性剂

1.新洁尔灭

新洁尔灭是一种季铵盐类阳离子表面活性剂。本品对化脓性病原菌、肠道菌及部分病毒有较好的杀灭能力，对结核杆菌及真菌的杀灭效果较弱，对细菌芽孢一般只能起抑制作用，对革兰阳性菌的杀灭能力要比对革兰阴性菌强。0.05%~0.1%水溶液用于手消毒，0.1%水溶液用于蛋壳的喷雾消毒和种蛋的浸洗消毒。0.1%水溶液还可用于皮肤、黏膜及器械浸泡消毒。本品对皮肤、黏膜有一定的刺激作用及脱脂作用，不适用于饮水消毒。

2.消毒净

消毒净是一种季铵盐类阳离子表面活性剂。用于黏膜、皮肤、器械及环境的消毒作用比新洁尔灭强。黏膜消毒可用其0.05%溶液冲洗，手和皮肤消毒可用0.1%溶液，金属器械消毒可用0.05%溶液浸泡。季铵盐类阳离子表面活性剂不能与阴离子表面活性剂 (例如肥皂)或碱类接触，否则会降低抗菌效力。若水质硬度过高，应加大药物浓度0.5~1倍。

3.百毒杀

百毒杀属于双链季铵盐类表面活性剂。其性质和特点与单链季铵盐类表面活性剂相似，但消毒效果优于单链季铵盐类表面活性剂。达到相同效果时所需浓度是单链铵盐类的一半。

(八) 氧化剂

过氧乙酸杀菌作用快而强，对多种病原体和芽孢均有效，除金属和橡胶外，可用于多种物品，例如0.2%溶液用于耐酸塑料、玻璃、搪瓷制品；0.5%溶液用于畜禽舍、仓库、地面、墙壁、食槽的喷雾消毒及室内空气消毒；5%溶液按2.5ml/m3量喷雾消毒密闭的实验室、无菌室、仓库等；0.2%~0.3%溶液可作10日龄以上鸡只的带鸡消毒。由于分解产物无毒，因此能消毒水果、蔬菜和食品表面(鸡蛋外壳、填鸭等)。本品对皮肤和黏膜有刺激性，对金属有腐蚀作用。本品高浓度遇热(70℃以上)易爆炸，浓度10%以下无此危险。

但低浓度水溶液易分解，应现用现配。

(九) 挥发性烷化剂

1.福尔马林

福尔马林是含36%(狳/V)甲醛水溶液，具有很强的消毒作用。2%~4%水溶液用于畜禽舍和水泥地面的消毒；1%水溶液可用于畜体体表消毒；按12.5~50ml/m3剂量与水等量混合(或加入高锰酸钾，用量为30g/m3)，可作熏蒸消毒。福尔马林对皮肤和黏膜刺激强烈，可引起支气管炎，甚至窒息，使用时要注意人畜安全。

2.环氧乙烷

环氧乙烷又称氧化乙烯，有较强的杀菌能力，对细菌芽孢也有很好的杀灭作用。气体和液体均有较强的杀微生物作用，以气体作用更强，故多用其气体。一般不造成消毒物品的损坏，可用于毛皮、精密仪器、谷物等物品的熏蒸消毒。消毒时必须在密闭容器内进行。温度升高增强杀菌作用，大多数对热不稳定的物品常用温度约55℃。干燥微生物必须给予水分湿润才能杀灭，常用的消毒剂相对浓度为40%~60%，消毒时间6~24h。环氧乙烷蒸气遇明火极易爆炸，所以储存或消毒过程中应远离火源。环氧乙烷对人畜有毒性。

(十) 染料类

1.利凡诺

利凡诺属外用杀菌防腐剂，外用浓度为 0.1%~0.2%。对革兰阳性菌及少数革兰阴性菌有较强的杀灭作用，对球菌尤其是链球菌的抗菌作用较强。用于各种创伤，渗出、糜烂的感染性皮肤病及伤口冲洗。本品刺激性小，一般治疗浓度对组织无损害。

2.甲紫

甲紫属外用杀菌药物，1%水溶液治疗黏膜感染。主要对革兰阳性菌有较强的杀灭作用，对革兰阴性菌和抗酸杆菌几乎无作用。能与坏死组织凝结成保护膜，起收敛作用。

2.2.5 消毒药液稀释计算方法

稀释消毒剂时，常根据不同浓度计算用量。计算公式：

$$C_浓 \times V_浓 = C_稀 \times V_稀$$

式中，C 表示浓度，V 表示体积。

【例题 1】 欲配制 75%乙醇 800ml，需用 95%乙醇多少毫升？ 如何配置？

[计算] 因为 $C_浓 \times V_浓 = C_稀 \times V_稀$

所以 $V_浓 = \dfrac{C_稀 \times V_稀}{C_浓} = 75\% \times 800 \div 95\% = 613.6(ml)$

即需取 95%乙醇 613.6ml，稀释至 800ml 即得。

【例题 2】 在 1000ml 消毒液中，需加入 20%亚硝酸钠溶液多少毫升，才能使消毒液中含亚硝酸钠 0.5%？

[计算]$V_浓$ 为需要 20%亚硝酸钠溶液的体积

$C_浓$ 为 20%

$V_稀$ 为 $V_浓$+1000ml

$C_稀$ 为 0.5%

则 20%×$V_浓$=0.5% ($V_浓$+1000)

$V_{浓}=25.64ml$

即需加入 20%亚硝酸钠溶液 25.64ml。

2.3 药物预防

2.3.1 药物预防的概念和选择药物的原则

(一) 药物预防的概念及意义

在平时正常的饲养管理状态下，给动物投服药物以防止疫病的发生，叫药物预防。

目前，除部分疫病可用疫苗预防外，有相当多的疫病没有疫苗，或有疫苗而实际应用有问题。因此，在一定条件下将化学消毒剂、抗生素、微生态制剂等加入饲料或饮水中，对调节机体代谢、增强抵抗能力和预防多种病的发生有着十分重要的意义。此外，一些非传染性流行病、群发病也可能大面积暴发流行 (例如中暑、微量元素缺乏、应激反应等)，均使得在临诊上必须采用对整个群体投放药物进行群体预防或控制。药物预防的目的就是杜绝疾病的发生。

但是，长期使用化学药物容易产生耐药菌株，影响防治效果。如果耐药菌株感染人类，可能贻误治疗。因此，目前某些国家倾向于以疫苗来预防疫病，而不主张采用药物预防的方法。

(二) 选择药物的原则

1.药物敏感性

进行药物预防时，应确定某种或某几种疫病作为预防的对象。针对预防的对象选择最敏感的药物用于预防。在使用药物前，最好进行药物敏感性试验。也可以选择抗菌谱广的药物用于预防。

2.药物引起的不良反应

药物引起的不良反应包括副作用、毒性作用、变态反应 (过敏反应)、继发性反应和后遗效应等。例如，长期应用抗菌药物可能引起鸡只的 B 族维生素缺乏；长期应用庆大霉素或链霉素可能对鸡只肾脏产生毒性作用；长期应用广谱抗菌药物时，可能引起草食动物中毒性肠炎或全身感染。选择药物时，应尽可能避免不良反应的出现。

3.药物的价格

应选用质优价廉的药物，以降低成本。

2.3.2 药物预防的方法

药物预防用药一般采用群体给药法，此时用的药物多是添加在饲料中或溶解到水中，让畜禽服用，有时也采用气雾给药的方法给药。

1.拌料给药

拌料给药是比较常用的给药方法之一。即将药物均匀地拌入料中，让畜禽采食时同时吃到药物。该法简便易行，节省人力，减少应激，效果可靠。在应用这种方法时，应注意将药物混合均匀。为了保证药物混合均匀，通常采用分级混合法，即把全部用量的药物加到少量饲料中，充分混合后，加到一定量饲料中，充分混匀，然后再拌入到计算所需的全部饲料中。大批量饲料拌药更需多次逐步分级扩充，以达到充分混匀的目的。切忌把全部药量一次加到所需饲料中，简单混合会造成部分畜禽药物中毒，而大部分畜禽吃不到药物，达不到预防疫病的目的。对于患病的畜禽，当其食欲下降时，不宜应用。

2.饮水给药

饮水给药也是比较常用的给药方法之一，它是指将药物溶解到饮水中，让畜禽在饮水时饮入药物，发挥药理效应。在动物发病，食欲降低而仍能饮水的情况下更为适用。为保证动物在较短的时间内引入足够剂量的药物，应停饮一段时间，以增加饮欲。例如，在夏季停饮 1~2h，然后供给加有药物的饮水，使动物在较短的时间内充分喝到药水。

3.气雾给药

气雾给药是指使用能使药物气雾化的器械，将药物分散成一定直径的微粒，弥散到空间中，让畜禽通过呼吸作用吸入体内或作用于畜禽皮肤及黏膜的一种给药方法。应用这种方法，药物吸收快，节省人力，尤其适用于现代化大型养殖场。所用药物应该无刺激性，易溶解于水。用药空间应密封。在气雾给药时，雾粒直径大小与用药效果有直接关系。雾粒直径过大容易快速沉落，直径过小则在空气中会快速上升，这两种情况都不利于药物的吸收。雾粒直径大小可以通过调节雾化器来决定。

4.体外用药

动物体外用药主要指对圈舍、周围环境、饲养用具及设备等消毒，以及为杀死畜禽的体表寄生虫、微生物所进行的体表用药。它包括喷洒、喷雾、熏蒸和药浴等不同方法。

药浴的目的是为了预防和驱除羊疥癣、蜱、虱等体外寄生虫病的发生。一般在剪毛后 7~10 天进行，一周后重复一次。应选择晴朗的天气，药浴前停止放牧半天，饮足水。利用药浴池或水泵喷淋进行药浴。

第3章　动物检疫基本知识

3.1　动物检疫的概念、作用和特点

3.1.1　动物检疫的概念和意义

所谓动物检疫，是指为了预防、控制动物疫病的传播、扩散和流行，保护动物生产和人体健康，遵照国家法律，运用强制性手段，由法定的机构、法定的人员，依照法定的检疫项目、标准和方法，对动物及其产品进行检查、定性和处理的技术行政措施。

动物检疫是兽医防疫工作的一个重要组成部分，是预防疫病发生的一个重要环节。它对推动畜牧业的发展起着关键的作用。

目前，全球动物疫情正处于活跃期，随着国际间贸易和人员往来规模的不断扩大，动物疫病传播的风险也随之大增。同时，病原体在人与动物之间循环、相互传播，使得动物疫病和公共卫生问题日益突出。养殖模式、生态环境变化以及病原体在多宿主间传递均影响动物疫病的流行，并呈现新的发病流行特点。

我国是养殖业大国，也是动物及动物产品进出口大国和消费大国，同时也是疫情疫病高发、频发的国家。因此，动物检验检疫工作是攸关我国食品安全、生态环境保护、进出口贸易安全、社会稳定等全局性、综合性的重要工作，责任重大，使命艰巨。

3.1.2 动物检疫的特点

动物检疫不同于一般的动物疫病诊断和检查，它是政府行为。在各方面都有严格的要求，有其固有的特点。

1.强制性

强制性是指动物检疫是政府行为，受法律保护，由国家行政力量支持，以国家强制力为后盾的特性。动物检疫不是一项可做可不做的工作，而是一项非做不可的工作。凡拒绝、阻挠、逃避、抗拒动物检疫的，都属违法行为，都将受到法律制裁。触犯刑律的，依法追究刑事责任。

2.法定的机构和人员

《中华人民共和国动物防疫法》规定，县级以上人民政府畜牧兽医行政管理部门主管本行政区域内的动物防疫工作。县级以上人民政府所属的动物防疫监督机构是动物检疫与实施监督的主体。

动物卫生监督机构的官方兽医具体实施动物、动物产品检疫。官方兽医应当具备规定的资格条件，取得国务院兽医主管部门颁发的资格证书。

3.法定的检疫对象

所谓检疫对象是指动物检疫中政府规定的动物疫病。检疫工作的直接目的是通过动物检疫，发现、处理带有检疫对象的动物及动物产品。但是，由于目前发现的动物疫病已达数百种之多，如果对每种动物的各类疫病从头至尾进行彻底检查，需花费大量的财力、物力和时间，这在实际工作中既不现实也无必要。因此，由国家或地方根据各种疫病危害的大小、流行情况、分布区域以及被检动物及其产品的用途，以法律形式，将某些重要动物疫病规定为必检对象。凡国家法律、法规或动物防疫行政法规定的必检对象，均为法定对象。中华人民共和国农业部公告（第1125号）和《中华人民共和国进境动物检疫疫病名录》分别对国内动物检疫对象及进境动物检疫对象做了规定。

4.法定的处理方法

对动物、动物产品实施检疫（验）后，动物检疫人员应根据检疫的结果，依法做出相应的处理决定。其处理方式必须依法进行，不得任意设定。

3.1.3 动物检疫的作用

1.监督作用

通过索证、验证等环节，发现和纠正违反动物卫生行政法规的行为，使畜禽饲养者自觉对畜禽依法进行预防接种，使畜禽产品的经营者主动接受检疫，以达到以检促防、守法经营的目的。

2.防止患病动物和染疫产品进入流通环节

通过检疫可以及时发现疫情，及时采取措施，扑灭疫源，防止疫病的传播和蔓延，以达到保护畜牧业生产的目的。

3.消灭某些动物疫病的有效手段

目前，仍有多种疫病无疫苗可供接种，也极难治愈。例如，绵羊痒病、结核病、鼻疽等。通过对动物检疫、扑杀病畜、无害化处理染疫产品等，可逐步净化和消灭这些病。

4.促进对外贸易发展

通过对进出口动物及其产品的检疫，可保证质量，维护我国贸易信誉。

5.保护人体健康

在动物疫病中有近 200 种属于人畜共患疫病。这些人畜共患疫病可通过动物及其产品传播。例如，口蹄疫、炭疽病、沙门菌病等。通过检疫，可以及早发现并采取措施，防止人类感染人畜共患疫病。

3.2　动物检疫的范围与管理

3.2.1 国内动物检疫的范围

《中华人民共和国动物防疫法》第五章第四十一条规定：国内动物检疫的范围包括动物和动物产品。动物，是指家畜家禽和人工饲养、合法捕获的其他动物。

动物产品，是指动物的肉、生皮、原毛、绒、脏器、脂、血液、精液、卵、胚胎、骨、蹄、头、角、筋以及可能传播动物疫病的奶、蛋等。

3.2.2 进出境动物检疫的范围

《中华人民共和国进出境动植物检疫法》第一章第二条规定：进境、出境、过境的动植物检疫的范围包括动植物、动植物产品和其他检疫物；装载动植物、动植物产品和其他检疫物的装载容器、包装物、铺垫材料以及来自动植物疫区的运输工具。动物是指饲养、野生的活动物，如畜、禽、兽、蛇、龟、鱼、虾、蟹、贝、蚕、蜂等；动物产品是指来源于动物未经加工或者虽经加工但仍有可能传播疫病的产品，如生皮张、毛类、肉类、脏器、油脂、动物水产品、奶制品、蛋类、血液、精液、胚胎、骨、蹄、角等；其他检疫物是指动物疫苗、血清、诊断液、动植物性废弃物等。

3.2.3 动物检疫管理

动物防疫监督机构对动物和动物产品的产地检疫和屠宰检疫情况进行监督。对经营依法应当检疫而没有检疫证明的动物、动物产品的，由动物防疫监督机构责令停止经营，没收违法所得。对尚未出售的动物、动物产品，未经检疫或者无检疫合格证明的依法实施补检；证物不符、检疫合格证明失效的依法实施重检。对补检或者重检合格的动物、动物产品，出具检疫合格证明。对检疫不合格或者疑似染疫的，按照《动物检疫管理办法》进行无害化处理，并依照《动物防疫法》第四十八条第三项的规定予以处罚。对涂改、伪造、转让检疫合格证明的，依照《动物防疫法》第五十一条的规定予以处罚。

各级畜牧兽医行政管理部门对动物检疫员应当加强培训、考核和管理工作，建立健全内部任免、奖惩机制。动物检疫员实施产地检疫和屠宰检疫必须按照《动物检疫管理办法》规定进行，并出具相应的检疫证明。对不出具或不使用国家统一规定检疫证明的，或者不按规定程序实施检疫的，或者对未经检疫或者检疫不合格的动物、动物产品出具检疫合格证明、加盖验讫印章的，由其所在单位或者上级主管机关给予记过或者撤销动物检疫员资格的处分；情节严重的，给予开除公职处分。各级畜牧兽医行政管理部门要加强对检疫工作的监督管理。对重复检疫、重复收费等违法行为的责任人及主管领导，要追究其行政责任。

3.3 动物检疫对象

所谓检疫对象系指动物疫病，即各种动物的传染病和寄生虫病。

3.3.1 全国动物检疫对象

2008 年 12 月 11 日农业部公布了第 1125 号公告，规定了全国动物检疫对象共三类。

1.一类动物疫病 (17 种)

口蹄疫、猪水疱病、猪瘟、非洲猪瘟、高致病性猪蓝耳病、非洲马瘟、牛瘟、牛传染性胸膜肺炎、牛海绵状脑病、痒病、蓝舌病、小反刍兽疫、绵羊痘和山羊痘、高致病性禽流感、新城疫、鲤春病毒血症、白斑综合征。

2.二类动物疫病 (77 种)

(1)多种动物共患病 (9 种)：狂犬病、布氏杆菌病、炭疽、伪狂犬病、魏氏梭菌病、副结核病、弓形虫病、棘球蚴病、钩端螺旋体病。

(2)牛病 (8 种)：牛结核病、牛传染性鼻气管炎、牛恶性卡他热、牛白血病、牛出血性败血病、牛梨形虫病 (牛焦虫病)、牛锥虫病、日本血吸虫病。

(3)绵羊和山羊病 (2 种)：山羊关节炎脑炎、梅迪-维斯纳病。

(4)猪病 (12 种)：猪繁殖与呼吸综合征 (经典猪蓝耳病)、猪乙型脑炎、猪细小病毒病、猪丹毒、猪肺疫、猪链球菌病、猪传染性萎缩性鼻炎、猪支原体肺炎、旋毛虫病、猪囊尾蚴病、猪圆环病毒病、副猪嗜血杆菌病。

(5)马病（5 种）：马传染性贫血、马流行性淋巴管炎、马鼻疽、马巴贝斯虫病、伊氏锥虫病。

(6)禽病（18 种）：鸡传染性喉气管炎、鸡传染性支气管炎、传染性法氏囊病、马立克病、产蛋下降综合征、禽白血病、禽痘、鸭瘟、鸭病毒性肝炎、鸭浆膜炎、小鹅瘟、禽霍乱、鸡白痢、禽伤寒、鸡败血支原体感染、鸡球虫病、低致病性禽流感、禽网状内皮组织增殖症。

(7)兔病（4 种）：兔病毒性出血病、兔黏液瘤病、野兔热、兔球虫病。

(8)蜜蜂病（2 种）：美洲幼虫腐臭病、欧洲幼虫腐臭病。

(9)鱼类病（11 种）：草鱼出血病、传染性脾肾坏死病、锦鲤疱疹病毒病、刺激隐核虫病、淡水鱼细菌性败血症、病毒性神经坏死病、流行性造血器官坏死病、斑点叉尾？病毒病、传染性造血器官坏死病、病毒性出血性败血症、流行性溃疡综合征。

(10)甲壳类病（6 种）：桃拉综合征、黄头病、罗氏沼虾白尾病、对虾杆状病毒病、传染性皮下和造血器官坏死病、传染性肌肉坏死病。

3.三类动物疫病（63 种）

(1)多种动物共患病（8 种）：大肠杆菌病、李氏杆菌病、类鼻疽、放线菌病、肝片吸虫病、丝虫病、附红细胞体病、Q 热。

(2)牛病（5 种）：牛流行热、牛病毒性腹泻/黏膜病、牛生殖器弯曲杆菌病、毛滴虫病、牛皮蝇蛆病。

(3)绵羊和山羊病（6 种）：肺腺瘤病、传染性脓疱、羊肠毒血症、干酪性淋巴结炎、绵羊疥癣，绵羊地方性流产。

(4)马病（5 种）：马流行性感冒、马腺疫、马鼻腔肺炎、溃疡性淋巴管炎、马媾疫。

(5)猪病（4 种）：猪传染性胃肠炎、猪流行性感冒、猪副伤寒、猪密螺旋体痢疾。

(6)禽病（4 种）：鸡病毒性关节炎、禽传染性脑脊髓炎、传染性鼻炎、禽结核病。

(7)蚕、蜂病（7 种）：蚕型多角体病、蚕白僵病、蜂螨病、瓦螨病、亮热厉螨病、蜜蜂孢子虫病、白垩病。

(8)犬、猫等动物病 (7 种)：水貂阿留申病、水貂病毒性肠炎、犬瘟热、犬细小病毒病、犬传染性肝炎、猫泛白细胞减少症、利什曼病。

(9)鱼类病 (7 种)：?类肠败血症、迟缓爱德华菌病、小瓜虫病、黏孢子虫病、三代虫病、指环虫病、链球菌病。

(10)甲壳类病 (2 种)：河蟹颤抖病、斑节对虾杆状病毒病。

(11)贝类病 (6 种)：鲍脓疱病、鲍立克次体病、鲍病毒性死亡病、包纳米虫病、折光马尔太虫病、奥尔森派琴虫病。

(12)两栖与爬行类病 (2 种)：鳖鳃腺炎病、蛙脑膜炎败血金黄杆菌病。

3.3.2 进境动物检疫对象

2013 年 11 月 28 日农业部公布了《中华人民共和国进境动物检疫疫病名录》(以下简称《名录》)，主要是针对境外动物，目的是防止境外动物传染病、寄生虫病传入境内。

一类传染病、寄生虫病是指传播迅速、潜在危险性大，一旦发生将给社会经济和公共卫生带来严重影响，并对动物及其产品的国际贸易造成重大损失的国际性动物疫病；二类传染病、寄生虫病是指对一个国家或地区的社会经济和公共卫生有重要影响，并对动物及其产品的国际贸易有较大影响的动物疫病。

《名录》规定了对进境动物和动物产品检疫的疫病如下。

1.一类传染病、寄生虫病 (15 种)

口蹄疫、猪水疱病、猪瘟、非洲猪瘟、尼帕病、非洲马瘟、牛传染性胸膜肺炎、牛海绵状脑病、牛结节性皮肤病、痒病、蓝舌病、小反刍兽疫、绵羊痘和山羊痘、高致病性禽流感、新城疫。

2.二类传染病、寄生虫病 (147 种)

(1)共患病 (28 种)：狂犬病、布氏杆菌病、炭疽、伪狂犬病、魏氏梭菌感染、副结核病、弓形虫病、棘球蚴病、钩端螺旋体病、施马伦贝格病、梨形虫病、日本脑炎、旋毛虫病、土拉杆菌病、水疱性口炎、西尼罗热、裂谷热、结核病、新

大陆螺旋蝇蛆病 (嗜人锥蝇)、旧大陆螺旋蝇蛆病 (倍赞金蝇)、Q 热、克里米亚刚果出血热、伊氏锥虫感染 (包括苏拉病)、利什曼原虫病、巴氏杆菌病、鹿流行性出血病、心水病、类鼻疽。

(2)牛病 (8 种)：牛传染性鼻气管炎/传染性脓疱性阴户阴道炎、牛恶性卡他热、牛白血病、牛无浆体病、牛生殖道弯曲杆菌病、牛病毒性腹泻/黏膜病、赤羽病、牛皮蝇蛆病。

(3)马病 (10 种)：马传染性贫血、马流行性淋巴管炎、马鼻疽、马病毒性动脉炎、委内瑞拉马脑脊髓炎、马脑脊髓炎 (东部和西部)、马传染性子宫炎、亨德拉病、马腺疫、溃疡性淋巴管炎。

(4)猪病 (13 种)：猪繁殖与呼吸道综合征、猪细小病毒感染、猪丹毒、猪链球菌病、猪萎缩性鼻炎、猪支原体肺炎、猪圆环病毒感染、革拉泽病 (副猪嗜血杆菌)、猪流行性感冒、猪传染性胃肠炎、猪铁士古病毒性脑脊髓炎 (原称 "猪肠病毒脑脊髓炎"、"捷申或塔尔凡病")、猪密螺旋体痢疾、猪传染性胸膜肺炎。

(5)禽病 (20 种)：鸭病毒性肠炎 (鸭瘟)、鸡传染性喉气管炎、鸡传染性支气管炎、传染性法氏囊病、马立克病、鸡产蛋下降综合征、禽白血病、禽痘、鸭病毒性肝炎、鹅细小病毒感染 (小鹅瘟)、鸡白痢、禽伤寒、禽支原体病 (鸡败血支原体、滑液囊支原体)、低致病性禽流感、禽网状内皮组织增殖症、禽衣原体病 (鹦鹉热)、鸡病毒性关节炎、禽螺旋体病、住白细胞原虫病 (急性白冠病)、禽副伤寒。

(6)羊病 (4 种)：山羊关节炎/脑炎、梅迪-维斯纳病、边界病、羊传染性脓疱皮炎。

(7)水生动物病 (44 种)：鲤春病毒血症、流行性造血器官坏死病、传染性造血器官坏死病、病毒性出血性败血症、流行性溃疡综合征、鲑鱼三代虫感染、真鲷虹彩病毒病、锦鲤疱疹病毒病、鲑传染性贫血、病毒性神经坏死病、斑点叉尾？病毒病、鲍疱疹样病毒感染、牡蛎包拉米虫感染、杀蛎包拉米虫感染、折光马尔太虫感染、奥尔森派琴虫感染、海水派琴虫感染、加州立克次体感染、白斑综合征、传染性皮下和造血器官坏死病、传染性肌肉坏死病、桃拉综合征、罗氏沼虾白尾病、黄头病、鳌虾瘟、箭毒蛙壶菌感染、蛙病毒感染、异尖线虫病、坏死性肝胰腺炎、传染性脾肾坏死病、刺激隐核虫病、淡水鱼细菌性败血症、对虾杆状病毒病、类肠败血症、迟缓爱德华菌病、小瓜虫病、黏孢子虫病、指环虫病、鱼链球菌病、河蟹颤抖病、斑节对虾杆状病毒病、鲍脓疱病、鳖腮腺炎病、蛙脑膜炎败血金黄杆菌病。

(8)蜂病 (6 种)：蜜蜂盾螨病、美洲蜂幼虫腐臭病、欧洲蜂幼虫腐臭病、蜜蜂瓦螨病、蜂房小甲虫病 (蜂窝甲虫)、蜜蜂亮热厉螨病。

(9)其他动物病 (14 种)：鹿慢性消耗性疾病、兔黏液瘤病、兔出血症、猴痘、猴疱疹病毒Ⅰ型 (B 病毒)感染症 、猴病毒性免疫缺陷综合征、埃博拉出血热、马尔堡出血热、犬瘟热、犬传染性肝炎、犬细小病毒感染、水貂阿留申病、水貂病毒性肠炎、猫泛白细胞减少症 (猫传染性肠炎)。

3.其他传染病、寄生虫病 (44 种)

(1)共患病 (9 种)：大肠杆菌病、李斯特菌病、放线菌病、肝片吸虫病、丝虫病、附红细胞体病、葡萄球菌病、血吸虫病、疥癣。

(2)牛病 (5 种)：牛流行热、毛滴虫病、中山病、茨城病、嗜皮菌病。

(3)马病 (4 种)：马流行性感冒、马鼻腔肺炎、马媾疫、马副伤寒 (马流产沙门菌)。

(4)猪病 (3 种)：猪副伤寒、猪流行性腹泻、猪囊尾蚴病。

(5)禽病 (6 种)：禽传染性脑脊髓炎、传染性鼻炎、禽肾炎、鸡球虫病、火鸡鼻气管炎、鸭疫里默杆菌感染 (鸭浆膜炎)。

(6)绵羊和山羊病 (7 种)：羊肺腺瘤病、干酪性淋巴结炎、绵羊地方性流产 (绵羊衣原体病)、传染性无乳症、山羊传染性胸膜肺炎、羊沙门菌病 (流产沙门菌)、内罗毕羊病。

(7)蜂病 (2 种)：蜜蜂孢子虫病、蜜蜂白垩病。

(8)其他动物病 (8 种)：兔球虫病、骆驼痘、家蚕微粒子病、蚕白僵病、淋巴细胞性脉络丛脑膜炎、鼠痘、鼠仙台病毒感染症、小鼠肝炎。

3.3.3 OIE 规定的动物检疫对象

OIE 是 Office International Des Epizooties 的缩写，汉语译为国际兽疫局。国际

兽疫局的国际动物卫生法典委员会制定了《国际动物卫生法典》(以下简称《法典》)。《法典》(2002 版)规定,国际动物检疫对象分两类,A 类 14 种,B 类 65 种,共 79 种。

1.A 类病 (14 种)

口蹄疫、水疱性口炎、牛瘟、小反刍兽疫、传染性胸膜肺炎 (牛肺疫)、结节性皮肤病(NeethlingⅢ型病毒引起)、裂谷热、蓝舌病、绵羊痘和山羊痘、非洲马瘟、非洲猪瘟、古典猪瘟 (猪瘟)、新城疫、高致病性禽流感。

2.B 类病 (65 种)

多种动物共患病 (9 种):炭疽病 (anthrax)、伪狂犬病、棘球蚴病、钩端螺旋体病、狂犬病、副结核病、心水病、新大陆螺旋蝇蛆病和旧大陆螺旋蝇蛆病、旋毛虫病。

牛病 (12 种):牛布氏杆菌病、牛生殖道弯曲杆菌病、牛结核病、地方流行性牛白血病、牛传染性鼻气管炎/传染性脓疱阴户阴道炎、毛滴虫病、牛巴贝斯虫病、牛囊尾蚴病、嗜皮菌病 (dermatophilosis)、泰勒虫病 (theileriosis)、出血性败血病 (多杀性巴氏杆菌血清型 6：B 和 6：E)、牛海绵状脑病 (bovine spongiform encephalopathy,BSE)。

绵羊和山羊病 (8 种):绵羊附睾炎 (绵羊种布氏杆菌)、山羊和绵羊布氏杆菌病 (不包括绵羊种布氏杆菌)、接触传染性无乳症、山羊关节炎/脑炎、梅迪-维斯纳病、山羊传染性胸膜肺炎、母羊地方性流产 (绵羊衣原体病)、痒病。

马病 (14 种):马传染性子宫炎、马媾疫 (dourine)、马脑脊髓炎 (东方和西方)、马传染性贫血、马流行性感冒 (马流感)、马巴贝斯虫病、马鼻肺炎、马鼻疽、马痘、马病毒性动脉炎、马螨病、委内瑞拉马脑脊髓炎、流行性淋巴管炎、日本脑炎。

猪病 (4 种):猪萎缩性鼻炎、猪布氏杆菌病、肠病毒性脑脊髓炎 (曾称捷申/塔尔凡病)、传染性胃肠炎。

禽病 (11 种):传染性法氏囊病 (甘布罗病)、马立克病、禽支原体病 (鸡败血支原体)、禽衣原体病、鸡伤寒和鸡白痢、禽传染性支气管炎、禽传染性喉气管炎、禽结核病、鸭病毒性肝炎、鸭病毒性肠炎、禽霍乱。

兔病 (3 种)：黏液瘤病、土拉杆菌病、兔出血病。

蜂病 (4 种)：蜂螨病、美洲幼虫腐臭病、欧洲幼虫腐臭病、蜂孢子虫病。

3.A 类和 B 类未包括的疾病 (2 种)

非人类灵长目动物传播的人畜共患病：禽肠炎沙门菌和伤寒沙门菌病。

注：2007 年版 OIE《陆生动物卫生法典》(以下简称 "新版 《法典》")，新版 《法典》最大的变动是取消了 OIEA 类和 B 类疫病名录的分类，修订为 OIE 疫病名录。新增加了西尼罗热等 8 种，收录进以前未列入 《法典》的其他疫病如 Q 热等 10 种，还删除了嗜皮菌病等 9 种，以其他疫病名录取代了新版 《法典》未列的其他动物疫病名录。因此，OIE 疫病名录增加到 93 种。在疫情通报方面，新版由原 A 类疫病扩大到所有 OIE 名录疫病 (请见附录三)。

3.4　动物检疫的种类和要求

3.4.1　动物检疫的分类

根据动物及其产品的动态和运转形式，动物检疫可分为国内检疫和国境检疫两大类。各自又包括若干种检疫，其大致分类如下。

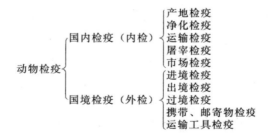

3.4.2　国内检疫的目的与要求

对国内动物及其产品实施的检疫，称为国内动物检疫，简称内检。内检包括产地检疫、屠宰检疫、运输检疫及市场检疫监督。

国内动物检疫的目的是防止动物疫病从一个地方 (省、市、县等)传播、蔓延到另一个地方，以保护我国各地养殖业的正常发展和人民的健康。因此，各省 (自治区、直辖市)、市、县的动物防疫监督机构应按照 《中华人民共和国动物防疫法》及其相应的有关条例、规定，对原产地和输入、输出的动物及其产品进行严格的检疫，对路过本地区的动物及其产品进行严格的卫生监督。饲养、经营动物和生产、经营动物产品的有关单位和个人，依法应接受检疫、履行法定检疫义务。这里所说的经营，是指从事动物及其产品在流通过程中的所有活动，包括买卖、仓储、运输、屠宰及加工等。县级以上各级动物防疫监督机构应按照规定实施监督检查，查验畜禽及其产品的检疫证明，必要时可进行抽检。所谓抽检是指动物及其产品的检疫证明在有效期内发现异常时，可以从中抽取部分畜禽及其产品进行检疫。对于没有检疫证明或检疫证明超过有效期或有异常的畜禽及其产品，应进行补检或重检，并出具检疫证明。所谓补检，就是对未经检疫而进入流通的畜禽及其产品进行的检疫。所谓重检，是指对证物不符、检疫证明超过有效期，检疫证、章、标志不符合规定情况的畜禽及其产品重新实施的检疫。

3.4.3 进境检疫的目的与要求

对进出国境的动物及其产品进行的动物检疫，称为进出境检疫，又称国境检疫或口岸检疫，简称外检。外检包括进境检疫、出境检疫、过境检疫及携带、邮寄物检疫和运输工具检疫。外检的目的是防止动物疫病传入我国境内，保护我国畜牧业生产和人体健康，促进对外经济贸易的发展。我国在海、陆、空各口岸设立的进出境检验检疫机构，按照我国规定的进出境动物检疫对象名录，代表国家执行检疫，既不允许国外动物疫病传入，也不允许将国内的动物疫病传出，必须经我国进出境检验检疫机构进行检疫，未发现检疫对象时，方准进入或输出。

第4章 动物检疫技术

动物检疫技术就是兽医学科中诊断疾病的技术，包括流行病学调查、临诊检疫、病理学检查、免疫学检查以及检疫材料的采集。它们从不同的角度阐述疫病的诊断方法，各有特点。在实际检疫工作中，应根据检疫对象的性质、检疫条件和检疫要求灵活运用，以建立正确诊断。对许多疫病的检疫如猪瘟、布氏杆菌病等，有国家标准、农业行业标准、动物检疫操作规程，检疫中应按标准或规程操作。

4.1 临场检疫

4.1.1 临场检疫的概念

临场检疫是指能够在现场进行并能得到一般检查结果的检疫方法。其特点是，动检人员亲临现场进行，简便快速，可以得到一般检疫结果。在实施临场检疫时，通常以动物流行病学调查法和动物临诊检查法为主，在某些情况下也采用动物病理检疫法。可见，临场检疫是动物检疫工作中，特别是基层动物检疫工作中最常用的方法。

4.1.2 流行病学调查

流行病学调查是应用兽医流行病学的研究方法，对动物群体中出现的疫病现象进行实际调查，了解疫病流行全过程以及与流行有关的某些因素，获取与疫病有关的某些因素及第一手资料，并通过对资料进行统计分析，搞清疫病的特征和严重程度，疫病在畜间、时间、空间的分布规律，分析疫病种类，可能的感染途径、传播途径及可能的原因，从而科学地制订防控对策。

流行病学调查是一种诊断性调查和病因调查。

(一) 动物检疫中流行病学调查的目的和要求

1.目的

一是弄清疫病的流行规律，二是提供疫病的分布现况。通过流行病学调查分析，能查出疫病流行的原因、规律以及与流行有关的因素，提供疫病在时间、空间、畜间的分布现况。

在动物检疫中，弄清了某疫病的流行规律，就比较容易得出检疫结论；掌握了某疫病的分布现况，在动物检疫工作中就会有意识地注意是否有该疫病存在。

2.要求

动检人员在检疫时，必须做到对疫情心中有数，才能顺利地开展检疫工作。因此，动检人员在进行流行病学调查时，一要经常了解当地和附近地区的疫情，二要密切注视国内外疫情的动态。

(二) 流行病学调查的方法

随着调查目的的不同，采用的调查方法也不同，一般都按需要决定调查方法。

1.普查

普查的目的有多种。有的是为了早期发现疫病，以便采取相应措施；有的是为了了解疫情，揭示畜群潜在的疫病。此外，为了解畜群健康水平常用普查方法做全群检疫。但普查也存在着一些不可避免的缺陷，普查对象众多，漏查是难免的，检查和诊断的准确程度往往不高。在普查过程中，为了节省时间可同时做几种疫病的普查。普查时，必须划定普查的范围、牲畜的头数。

2.抽样调查

抽样调查是指调查有代表性的部分，然后再推断全部情况。抽样调查的优点是省时间、省力、省材料、省经费。由于数量少，能做得细致，而且容易集中优势兵力打歼灭战。抽样调查在调查设计、方案实施以及资料分析上都比较复杂，重复和漏掉者都不容易被发现。流行病学抽样调查是一项有计划、主动的工作，科学性高、目的性强，在进行流行病学调查时很有用，是唯一可行的调查方法。抽样调查是以少窥多、以小测大、以部分估计总体。抽样调查的质量要看调查结果反映总体特性的程度而定。抽样的方法有随机抽样、系统抽样、分层抽样等。

3.现状调查

现状调查是流行病学调查中最常用的一种调查种类或方法。通过现状调查，可以了解疫病在时间、空间和畜间的分布情况。从而比较不同时间、不同地区的疫情，又可通过调查探索病因及流行因素。因此，这种调查方法是卫生防疫和社会医学最常用的调查方法。现状调查的主要内容是：

①当前疫病的发病时间、地点、蔓延过程以及流行范围和空间分布现况。

②疫病流行区域内各种畜禽的数量和发病动物的种类、数量、性别、年龄、感染率、发病率、病死率、死亡率等。

③自然情况和社会情况。自然情况主要包括气候、气温、阳光、雨量、地形、地理环境等；社会情况主要包括社会制度、生产力，和人民的经济、文化、科学技术以及贯彻执行法律法规的情况等。

4.回顾性调查

回顾性调查是疫病病因研究中常用的一种 "从果求因"的方法。首先选定诊断明确的病例组，并设相应的对照组，在两组对象中用同样的方法回顾有无暴露的某种因素及其程度，然后进行统计处理，以提供可疑的病因与某疫病有联系的线索，再从结果探索可能的病因。

在回顾调查中要注意，病例与对照调查项目必须完全相同，对病例和对照调查必须同时进行，必须同样认真，资料同样精确。

5.前瞻性调查

前瞻性调查是为了研究某因素或某组因素是否与发生某疫病有联系的一种调

查方法。首先将畜群划为两组，一组为暴露某种因素组，另一组为非暴露组。然后在一定时间内观察发病率与死亡率并进行比较。所以，前瞻性调查是"从因到果"，可直接估计某一因素与发病的关系。调查时应注意两组的均衡性，即两组除暴露因素不同外，其他各种条件 (包括品种、年龄、性别、饲养管理条件等)必须基本相同。

(三) 流行病学调查常用的概念

1.数、率、比的概念

(1)数 指绝对数。如某禽群因某病发病禽数、死亡禽数。

(2)率 两个相关的数在一定条件下的比值。通常用百分率、千分率表示，说明总体与局部的关系。

(3)比 指构成比。如畜群中患病动物与未患病动物之比为 1∶20 或 1/20。比的分子不包含在分母中。

2.描述疫病分布常用的率

(1)发病率 在一定时间内，某动物群中某病的发病动物数占该群动物总数的百分率。

$$发病率 = \frac{动物群中某病的发病动物数}{该群动物总数} \times 100\%$$

公式中的发病动物数包括正在罹患某病的动物数、患发某病后死亡的动物数和患发某病后痊愈的动物数。发病率是群体中健康个体到患病个体转化频率的动态指标，反映出疫病的流行情况。

(2)患病率 在一定时间内，某动物群中某病的患病动物数占该群动物总数的百分率。

$$患病率 = \frac{动物群中某病的患病动物数}{该群动物总数} \times 100\%$$

公式中的患病动物数指正在患某病的动物，不包含患某病后已死亡和痊愈的动物。疫病现况调查常统计患病率，对许多病程较长的慢性传染病，患病率反映出畜群的健康状况，同时说明畜群的生产水平。

(3)死亡率 在一定时间内，某动物群中因某病死亡的动物数占该群动物总数的百分率。死亡率是反映疫病严重程度的一项指标。对症状明显、死亡率高的急性传染病 (如猪瘟、伪狂犬病、鸡新城疫等疫病)的流行病学调查有较高的价值。

$$死亡率 = \frac{某动物群中因某病死亡的动物数}{该群动物总数} \times 100\%$$

(4)病死率 (致死率) 在一定时间内，某动物群中因某病死亡的动物总数占该病患病动物总数的百分率。病死率更能表明疫病的严重性和危害性。

$$病互率 = \frac{某动物群中因某病死亡的动物总数}{该病患病动物总数} \times 100\%$$

(5)感染率 在一定时间内，用临诊检查的方法和各种检测方法 (微生物学、寄生虫学、血清学、变态反应)检查出来的所有感染某病的动物数 (包括隐性感染)，占被检动物总数的百分率。统计感染率和统计患病率有同样的意义，两者均反映出疫病在畜群间的静态分布。感染不一定发病，患病不一定暴发流行，但可揭示畜群传染源的存在，在许多慢性传染病和寄生虫病的流行病学调查中经常用到。

$$感染率 = \frac{感染某病的动物数}{被检动物总数} \times 100\%$$

(6)感染强度 (感染度) 感染强度是指某宿主动物感染寄生虫数量的多少。多用平均感染强度来表示某动物群中寄生虫危害的状况。

$$平均感染强度（个/头） = \frac{从被检动物检查出的寄生虫总数}{被检动物总数}$$

公式中被检动物总数包括未感染动物在内。

4.1.3 临诊检疫

临诊检疫是应用兽医临床诊断学的方法对被检动物群体和个体实施疫病检查。根据动物患病过程中所表现的临床症状作出初步诊断，或得出诊断印象，为后续诊断奠定基础。有些疾病据其临诊症状可直接建立正确诊断。

临诊检疫的基本方法包括问诊、视诊、触诊、听诊和叩诊。这一方法简单、方便、易行，对任何动物在任何场所均可实施。因此，生产中常和流行病学调查、病理剖检紧密结合，用于动物产地、屠宰、运输、市场及进出境各个流通环节的现场检验检疫，是动物检疫中最常用的一种检疫技术。广泛意义的临诊检疫还包括流行病学调查和病理解剖。

(一) 临诊检疫的目的与要求

1.目的

动物检疫中临诊检疫的目的表现在两个方面：一是用动物临床诊断学的方法将待检畜禽分辨出病畜和健畜；二是在流行病学调查和临诊检查的基础上，对病畜禽作出是不是某种检疫对象的结论或印象。

2.要求

临诊检疫要按照一定的程序进行，具体有以下四个方面的要求。

(1)先流行病学调查、后临诊检疫 在对动物进行临诊检疫之前，必须首先掌握流行病学资料，尤其是进行大群检疫时，应结合有关流行病学调查资料，进行有目的的临诊检疫。

(2)先休息、后检疫 检疫前让动物充分休息，待恢复常态后再实施检疫。

(3)先临诊检疫、后其他检疫 通过临诊检疫，对于那些具有典型特征性病状的动物疫病可以作出初步诊断；对于那些症状不十分典型的动物疫病，虽不能初步诊断，但也能提供诊断线索。因此，在临诊检疫的基础上，可以有目的地采取其他检疫方法建立诊断。

(4)先群体检疫、后个体检疫 即先对动物某一群体进行检疫，从中查出异常动物，然后再对这些异常动物进行个体检疫，以确定病性。在检疫实践中，这种群体检疫和个体检疫相结合的方法，既能提高检疫效率，又能保证检疫质量。

(二) 群体检疫

1.群体检疫的概念

群体检疫是指对待检动物群体进行的现场临诊观察。通过群体检疫，可对群体动物的健康状况作出初步评价，并从群体中把病态动物检出来，做好标记，待进行个体检疫。

群体的划分方法有：将同一来源或同一批次或同一圈舍的动物作为一群；禽、兔、犬还可按笼、箱、舍划群。运输检疫时，可登车、船、机舱进行群检或在卸载后集中进行群检。

2.群体检疫的方法和内容

一般情况下，群体检疫的方法是先静态检查，再动态检查，后饮食状态检查。

(1)静态检查　检查人员深入圈舍、车、船、仓库，在不惊扰畜禽的情况下，仔细观察动物在自然安静状态下的表现，如精神状态、外貌、营养、立卧姿势、呼吸、反刍状态，及羽、冠、髯等情况。注意有无咳嗽气喘、呻吟流涎、昏睡嗜眠、独立一隅等反常现象。

(2)动态检查　静态检查后，将动物轰起，检查动物的头、颈、背有无异常，四肢的运动状态。注意有无跛行、后腿麻痹、屈背弓腰、步态蹒跚和离群掉队等现象。

(3)食态检查　检查动物饮食、咀嚼、吞咽时的表现状态。注意有无少食、贪饮、假食、废食和吞咽困难等现象。动物在定餐进食之后，一般都有排粪、排尿的习惯，借此机会再仔细检查其排便时的姿势，粪尿的硬度、颜色、含混物、气味等是否正常。

凡发现上述异常表现或症状的动物，都应标上记号，以便隔离和进一步进行个体检疫。

(三) 个体检疫

1.个体检疫的概念

个体检疫是指对群体检疫时发现的异常个体或抽样检查 (5%~20%)的个体进行系统的临诊检疫。通过个体检疫可初步鉴定动物是否有病、是否患有某种检疫对象，然后再根据需要进行必要的实验室检疫。

2.个体检疫的方法和内容

在大批动物检疫中，群体检疫发现的异常个体有时较多，为顺利完成检疫任务，必须熟练掌握个体检疫的 "看、听、摸、检" 四大技术要领，现分述如下。

(1)看　看就是利用视觉观察动物的外表现象。要求检疫人员要有敏锐的观察力和系统检查的能力。即看到动物的精神、行为、姿态，被毛有无光泽、有无脱毛；看皮肤、口、蹄部、趾间有无肿胀、丘疹、水疱、脓疱、溃疡等病变；看可视黏膜是否苍白、潮红、黄染，注意有无分泌物或炎性渗出物；看反刍和呼吸动作，并仔细查看排泄物的性状。

①看精神状态。健康动物静止时安静，行动时灵活，对各种外界刺激敏感。

②看营养状况。从肌肉的丰满度、皮下脂肪的蓄积量、被毛状况三方面来观察营养状况。

营养良好：肌肉丰满，皮下脂肪肥厚，被毛平顺光亮，躯体轮廓丰圆。

营养不良：消瘦，被毛蓬乱无光，骨骼表露明显。

③看姿势与运动。观察动物站立、睡卧的姿势是否自然，运动时动作是否灵活而协调。

④看皮肤被毛。观察动物是否有皮肤病变，被毛是否整洁、平顺有光泽。

⑤看可视黏膜。在检查可视黏膜的同时，检查眼、鼻、口等天然孔分泌物的性状。

⑥看排泄物。

⑦看呼吸与反刍。

(2)听 听就是利用听觉检查动物各器官发出的声音，即直接用耳听取动物的叫声、咳嗽声，借助听诊器听诊心音、肺呼吸音和胃、肠蠕动音。

①叫声。判别动物异常声音。

②咳嗽。判别动物呼吸器官病变。

干咳：见于上呼吸道炎症(咽喉炎、慢性支气管炎)。

湿咳：见于支气管和肺部炎症。

(3)摸 摸就是用手触摸感知畜体各部的性状，即用手去感触动物的脉搏，耳、角和皮肤的温度，触摸体表淋巴结的大小、硬度、形态和有无肿胀，胸和腹部有无压痛点，皮肤上有无肿胀、疹块、结节等。注意结合体温测定的结果加以分析。

平时在触诊时可以重点摸以下部位：耳根、角根、鼻端、四肢末端、体表皮肤，体表淋巴结，嗉囊。

(4)检 检就是检测体温和实验室检疫，即一方面要对动物进行体温检测，另一方面又要进行规定的实验室检疫。体温的变化对动物的精神、食欲、心血管和呼吸系统等都有非常明显的影响，但应注意，测温前应让动物得到充分的休息，避免因运动、暴晒、运输、拥挤等应激因素导致的体温升高变化。

健康动物：早晨温度较低，午后略高，波动范围在 0.5~1℃。

常根据体温升高程度，判断动物发热程度，进而推测疫病的严重性和可疑疫病范围。

体温升高程度分为：微热 (体温升高 1℃)、中等热 (体温升高 2℃)、高热 (体温升高 3℃)、最高热 (体温升高 3℃以上)。

各种动物的正常体温、脉搏、呼吸数的情况分别见表 4-1~表 4-3。

表 4-1 各种动物的正常体温

动物种类	体温/℃	动物种类	体温/℃	动物种类	体温/℃
马	37.5~38.5	猪	38.0~40.0	银狐	38.7~40.7
骡	38.0~39.0	骆驼	36.5~38.5	貂	38.1~40.2
驴	37.0~38.0	鹿	38.0~39.0	鸡	40.0~42.0
牛	37.5~39.5	犬	37.5~39.5	兔	38.5~39.5
羊	38.0~40.0	猫	38.0~39.0	水貂	39.5~40.5

表 4-2 各种动物的正常脉搏数

动物种类	脉搏数/(次/min)	动物种类	脉搏数/(次/min)	动物种类	脉搏数/(次/min)
马	26~42	猪	60~80	银狐	80~140
骡	26~42	骆驼	30~60	貂	70~146
驴	42~54	鹿	36~78	鸡	120~200
牛	40~80	犬	70~120	兔	120~140
羊	60~80	猫	110~130	水貂	90~180

表 4-3 各种动物的正常呼吸数

动物种类	呼吸数/(次/min)	动物种类	呼吸数/(次/min)	动物种类	呼吸数/(次/min)
马	8~16	猪	10~30	银狐	14~30
骡	8~16	骆驼	6~15	貂	23~43
驴	8~16	鹿	15~25	鸡	15~30
牛	10~25	犬	10~30	兔	50~60
羊	12~30	猫	10~30	水貂	40~70

4.1.4 猪的临诊检疫方法

1.静态检查

(1)健猪 站立平稳，不断走动拱食，并发出 "吭吭"声。对外界刺激敏感，遇人接近表现警惕性凝视。睡卧常取侧卧，四肢伸展，头侧着地，呼吸均匀，爬卧时后腿屈于腹下，排泄物正常，体温正常，被毛整齐光亮。

(2)病猪 精神委靡，离群独立，全身颤抖，蜷卧，不愿起立。吻突触地。被毛粗乱无光，鼻盘干燥，眼有分泌物。呼吸困难或喘息，粪便干硬或腹泻。

2.动态检查

(1)健猪 起立敏捷，行为灵活，走跑时摇头摆尾或上卷尾。若驱赶随群前进，不断发出叫声。

(2)病猪 精神沉郁，久卧不起，驱赶时行动迟缓或跛行，步态跟跄，或出现神经症状。

3.食态检查

(1)健猪 饥饿时叫唤，饥喂时抢食，大口吞咽有响声且响声清脆。全身鬃毛随吞食而颤动。

(2)病猪 食欲下降，懒于上槽，或只吃几口就退槽，饲喂后肷窝仍凹陷。有些饮稀不吃稠，只闻而不食，呕吐，甚至食欲废绝。

4.1.5 牛的临诊检疫方法

1.静态检疫

(1)健牛 站立平稳，神态安静，以舌频舔鼻镜。睡卧时常呈膝卧姿势，四肢弯曲。全身被毛平整有光泽，反刍有力，正常嗳气，呼吸平稳。鼻镜湿润，眼、嘴及肛门周围干净，粪尿正常。肉用牛垂肉高度发育，乳用牛乳房清洁且无病变，泌乳正常。

(2)病牛 头颈低伸，站立不稳，拱背弯腰或有异常体态，睡卧时四肢伸开，横卧或屈颈侧卧，嗜睡。被毛粗乱，发刍迟缓或停止。天然孔分泌物异常，粪尿异常。乳用牛泌乳量减少或乳汁性状异常。排泄物、体温正常。

2.动态检查

(1)健牛 健康牛走起路来精力充沛，腰背灵活，四肢有力，摇耳甩尾。

(2)病牛 精神沉郁，久卧不起或起立困难。跛行掉队或不愿行走，走路摇晃，耳尾不动。

3.饮食检查

(1)健牛 争抢饲料，咀嚼有力，采食时间长，采食量大。放牧中喜采食高草，常甩头用力扯断，运动后饮水不咳嗽。

(2)病牛 表现为厌食或不食，或采食缓慢，咀嚼无力，运动后饮水咳嗽。

4.1.6 羊的临诊检疫方法

1.静态检查

(1)健羊 站立平稳，乖顺，被毛整洁，口及肛门周围干净。饱腹后群卧休息，反刍，呼吸平稳。遇炎热常相互把头藏于对方腹下避暑。

(2)病羊 精神委靡不振，常独卧一隅或表现异常姿态，遇人接近不起不走，反刍迟缓或不反刍。鼻镜干燥，呼吸促迫或咳嗽。被毛粗乱不洁或脱毛，痘疹，皮肤干裂。

2.动态检查

(1)健羊 走起路来有精神，合群不掉队；放牧中虽很分散，但不离群。山羊活泼机敏，喜攀登，善跳跃，好争斗。

(2)病羊 精神沉郁或兴奋，喜卧懒动，行走摇摆，离群掉队或出现转圈及其他异常运动。

3.饮食检查

(1)健羊 饲喂时互相争食，放牧时常边走边吃草，边走边排粪，粪球正常。遇水源时先抢水喝，食后肷窝突出。

(2)病羊 食欲缺乏或停食，食后肷窝仍下陷。

4.1.7 禽的临诊检疫方法

1.静态检查

(1)健禽 神态活泼，反应敏捷。站立时伸颈昂首翘尾，且常高收一肢。卧时头叠放在翅内。冠、髯红润，羽绒丰满光亮，排列匀称。口鼻洁净，呼吸、叫声正常。

(2)病禽 精神委靡，缩颈垂翅，闭目似睡。冠、髯苍白或紫黑，喙、蹼色泽变暗，头颈部肿胀，眼、鼻等天然孔有异常分泌物。张口呼吸或发出 "咯咯"声或有喘息音。羽绒蓬乱无光，泄殖腔周围及腹部羽毛常潮湿污秽，下痢。

2.动态检查

(1)健禽 行动敏捷，步态稳健；鸭、鹅水中游牧自如，放牧时不掉队。

(2)病禽 行动迟缓，放牧时离群掉队，出现跛形或肢翅麻痹等神经症状。

3.饮食检查

(1)健禽 啄食连续，食欲旺盛，食量大，嗉囊饱满。

(2)病禽 食欲减退或废绝，嗉囊空虚或充满液体、气体。

4.1.8 其他动物的临诊检疫方法

(一) 马的临诊检疫特点

1.静态检查

(1)健马 多站少卧。站立时昂头，机警敏捷，稍有音响，两耳竖起，两眼凝视。卧时屈肢，两眼完全闭合，平静似睡。被毛整洁光亮，鼻、眼洁净，呼吸正常。

(2)病马 睡卧不安，时站时卧，回视腹部。站立不稳，低头耷耳或头颈平伸，肢体僵硬。两眼无神，对外界反应迟钝或无反应。被毛粗乱无光，眼、鼻等天然孔有不正常的分泌物。粪便干硬或腹泻。

2.动态检查

(1)健马 行动活泼，步伐轻快，昂首蹶尾，挤向群前。善于奔跑，运动后呼吸变化不大或很快恢复正常。

(2)病马 精神沉郁，步伐沉重无力，很少跑动。有时表现起立困难和后肢麻痹。

3.饮食检查

(1)健马 放牧时争向草地，自由采食。舍饲给料时两眼凝视在饲养员身上，时常发出"咳咳"叫声，食欲旺盛，咀嚼有声响，饮水有吮力。

(2)病马 对牧草和饲料不予理睬，时吃时停或食欲废绝，对饮水不感兴趣。

咀嚼、吞咽困难。

(二) 家兔的临诊检疫特点

(1)健康家兔 精神饱满，反应灵敏，喜欢咬斗。白天大部分时间静伏，闭目休息，呼吸动作轻微。稍有惊吓，立即抬头，两耳直立，两眼圆瞪。全身被毛浓密、匀整光洁。食欲正常，咀嚼迅速，夜间采食频繁。

(2)病兔 精神沉郁，反应迟钝，低头垂耳，耳部颜色苍白或发绀。常俯卧不起或表现行动迟缓，有的出现跛足或异常姿态。食欲缺乏或厌食，白天常能在舍内发现软粪。被毛粗乱蓬松，缺乏光泽，或有异常脱毛。眼结膜颜色异常。粪球干硬细小或稀薄如水。多有体温异常。

(三) 犬的临诊检疫特点

(1)健康犬 活泼好动，反应灵敏，情绪稳定，喜欢亲近人，机灵而警觉性高，稍有声响，常会吠叫。安静时呈典型的犬坐姿势或伏卧。运动姿势协调。能快速奔跑，经训练有很强的跳跃能力。吃食时 "狼吞虎咽"，很少咀嚼。眼明亮，无任何分泌物。鼻镜湿润，较凉，无鼻液。口腔清洁湿润，舌色鲜红，被毛蓬松顺滑，富有光泽。

(2)病犬 精神沉郁，眼睛无神，不听使唤，嗜睡呆卧，对外部反应迟钝甚至无反应。

有的病犬则表现兴奋不安，无目的地走动、奔跑、转圈，甚至攻击人畜。站立不稳或有异常站立姿势。食欲减退或废绝，饮水量增加，呕吐或有腹泻。鼻端干燥，呼吸困难。被毛粗硬杂乱，或见有斑秃、痂皮、溃烂。

4.2 动物检疫的现代生物学技术

4.2.1 现代生物学技术概述

现代生物学技术也称生物工程。在分子生物学基础上建立的创建新的生物类

52

型或新生物功能的实用技术，是现代生物科学和工程技术相结合的产物。

现代生物技术和古代利用微生物的酿造技术和近代的发酵技术有发展中的联系，但又有质的区别。古老的酿造技术和近代的发酵技术只是利用现有的生物或生物功能为人类服务，而现代的生物技术则是按照人们的意愿和需要创造全新的生物类型和生物功能，或者改造现有的生物类型和生物功能，包括改造人类自身，从而造福于人类。现代生物技术，是人类在建立实用生物技术中从必然王国走向自由王国、从等待大自然的恩赐转向主动向大自然索取的质的飞跃。

现代生物技术是在分子生物学发展基础上成长起来的。1953 年，美国科学家沃森和英国科学家克里克用 X-衍射法弄清了遗传的物质基础核酸的结构，从而使揭开生命秘密的探索从细胞水平进入了分子水平，对于生物规律的研究也从定性走向了定量。在现代物理学和化学的影响和渗透下，一门新的学科———分子生物学诞生了。在以后的十多年内，分子生物学发展迅速，取得许多重要成果，特别是科学家们破译了生命遗传密码，并在 1966 年编制了一本地球生物通用的遗传密码 "辞典"。遗传密码 "辞典"将分子生物学的研究迅速推进到实用阶段。1970 年，科拉纳等科学家完成了对酵母丙氨酸转移 RNA 的基因的人工全合成。1971 年美国保罗·伯格用一种限制性内切酶，打开一种环状 DNA 分子，第一次把两种不同 DNA 联结在一起。1973 年，以美国科学家科恩为首的研究小组，应用前人大量的研究成果，在斯坦福大学用大肠杆菌进行了现代生物技术中最有代表性的技术———基因工程的第一个成功的实验。他们在试管中将大肠杆菌里的两种不同质粒 (抗四环素和抗链霉素)重组到一起，然后将此质粒引进到大肠杆菌中去，结果发现它在那里复制并表现出双亲质粒的遗传信息。1974 年，他们又将非洲爪蛙的一种基因与一种大肠杆菌的质粒组合在一起，并引入到另一种大肠杆菌中去。结果，非洲爪蛙的基因居然在大肠杆菌中得到了表达，并能随着大肠杆菌的繁衍一代一代地传下去。

4.2.2 现代生物学技术在动物检疫中的运用

(一) 核酸扩增

聚合酶链式反应 (polymerasechainreaction, PCR)由美国 Centus 公司的 KaryMullis 发明,于 1985 年由 Saiki 等在 《科学》(犉 C 狏犲狀状 C 犲)杂志上首次报道,是近年来开发的体外快速扩增 DNA 的技术。通过 PCR 可以简便、快速地从微量生物材料中以体外扩增的方式获得大量特定的核酸,并且有很高的灵敏度和特异性,可在动物检疫中用于微量样品的检测。

1.PCR 技术的用途

(1)传染病的早期诊断和不完整病原检疫 在早期诊断和不完整病原检疫方面,应用常规技术难以得到确切结果,甚至漏检,而用 PCR 技术可使未形成病毒颗粒的 DNA 或 RNA 或样品中病原体破坏后残留核酸分子迅速扩增而测定,且只需提取微量 DNA 分子就可以得出结果。

(2)快速、准确、安全地检测病原体 用 PCR 技术不需经过分离培养和富集病原体,一个 PCR 反应一般只需几十分钟至 2h 就可完成。从样品处理到产物检测,一天之内可得出结果。由于 PCR 对检测的核酸有扩增作用,理论上即使仅有一个分子的模板,也可进行特异性扩增,故特异性和灵敏度都很高,远远超过常规的检测技术,包括核酸杂交技术。PCR 可检出 10-15g(fg)水平的 DNA,而杂交技术一般在 10-12g(pg)水平。PCR 技术适用于检测慢性感染、隐性感染,对于难于培养的病毒的检测尤其适用。由于 PCR 操作的每一步都不需活的病原体,不会造成病原体逃逸,在传染病防疫意义上是安全的。

(3)制备探针和标记探针 PCR 可为核酸杂交提供探针和标记探针。方法是:
①用 PCR 直接扩增某特异的核酸片段,经分离提取后用同位素或非同位素标记制得探针。②在反应液中加入标记的 dNTP,经 PCR 将标记物掺入到新合成的 DNA 链中,从而制得放射性和非放射性标记探针。

(4)在病原体分类和鉴别中的应用 用 PCR 技术可准确鉴别某些比较近似的病原体,如蓝舌病病毒与流行性出血热病毒、牛巴贝斯虫与二联巴贝斯虫等。PCR 结合其他核酸分析技术,在精确区分病毒不同型、不同株、不同分离物的相关性方面具有独特的优势，可从分子水平上区分不同的毒株并解释它们之间的差异。

此外，PCR 技术还广泛应用于分子克隆、基因突变、核酸序列分析、癌基因和抗癌基因以及抗病毒药物等研究中。

2.PCR 技术应用概况

从诞生至今二十几年的时间里，PCR 技术已在生物学研究领域得到广泛的应用。将 PCR 技术用于动物传染病的检疫研究也日趋广泛。例如，新西兰农渔部质量管理机构所属动物健康实验室 (AHLS)负责对各种外来病的疫情监测诊断，该室在 1992 年建立了几项 PCR 检测技术，包括从结核病病灶中快速检测牛分枝杆菌；快速检测患病牛羊中副结核分枝杆菌；检测恶性卡他热和新城疫等。

自 1990 年始，将 PCR 应用于动物传染病的诊断等研究的报道，可归纳如下。

(1)快速诊断各类病毒病 用 PCR 成功进行检测的动物传染病病毒有：蓝舌病病毒、口蹄疫病毒、牛病毒性腹泻病毒、牛白血病病毒、马鼻肺炎病毒、恶性卡他热病毒、伪狂犬病病毒、狂犬病病毒、非洲猪瘟病毒、禽传染性支气管炎病毒、禽传染性喉气管炎病毒、马传染性肺炎病毒、马立克病病毒、牛冠状病毒、鱼传染性造血器官坏死病病毒、轮状病毒、水道猫鱼病病毒、水貂阿留申病病毒、山羊关节-脑炎病毒、梅迪-维斯纳病毒、猪细小病毒等。

(2)由其他病原体引起的传染性疾病的研究目前已报道的有致病性大肠杆菌毒素基因、牛胎儿弯曲杆菌、牛分枝杆菌、炭疽杆菌芽孢、钩端螺旋体、牛巴贝斯虫和弓形虫等的 PCR 检测研究。在食品微生物的检测中，PCR 技术的应用也日趋广泛。

(二) 酶联免疫吸附试验

自从 Engvall 和 Perlman(1971 年) 首次报道建立酶联免疫吸附试验 (enzyme-linked immunosorbent assay，ELISA)以来，由于 ELISA 具有快速、敏感、简便、易于标准化等优点，使其得到迅速的发展和广泛应用。尽管早期的 ELISA 由于特异性不够高而妨碍了其在实际中应用的步伐，但随着方法的不断改进、材料的不断更新，尤其是采用基因工程方法制备包被抗原，采用针对某一抗原表位的单克隆抗体进行阻断 ELISA 试验，都大大提高了 ELISA 的特异性，加之电脑化程度极高的 ELISA 检测仪的使用，使 ELISA 更为简便实用和标准化，从而使其成为最广泛应用的检测方法之一。

目前 ELISA 方法已被广泛应用于多种细菌和病毒等疾病的诊断。在动物检疫方面，ELISA 在猪传染性胃肠炎、牛副结核病、牛传染性鼻气管炎、猪伪狂犬病、蓝舌病等的诊断中已成为广泛采用的标准方法。

1.基本原理

ELISA 方法的基本原理是酶分子与抗体或抗抗体分子共价结合，此种结合不会改变抗体的免疫学特性，也不影响酶的生物学活性。此种酶标记抗体可与吸附在固相载体上的抗原或抗体发生特异性结合。滴加底物溶液后，底物可在酶作用下使其所含的供氢体由无色的还原型变成有色的氧化型，出现颜色反应。因此，可通过底物的颜色反应来判定有无相应的免疫反应，颜色反应的深浅与标本中相应抗体或抗原的量呈正比。此种显色反应可通过 ELISA 检测仪进行定量测定，这样就将酶化学反应的敏感性和抗原抗体反应的特异性结合起来，使 ELISA 方法成为一种既特异又敏感的检测方法。

2.ELISA 方法的基本类型、用途及操作程序

根据 ELISA 所用的固相载体而分为三大类型：一类是采用聚苯乙烯微量板为载体的 ELISA，即通常所指的 ELISA(微量板 ELISA)；另一类是用硝酸纤维膜为载体的 ELISA，称为斑点 ELISA (Dot-ELISA)；再一类是采用疏水性聚酯布作为载体的 ELISA，称为布 ELISA(C-ELISA)。在微量板 ELISA 中，又根据其性质不同分为：①间接 ELISA，主要用于检测抗体；②双抗体夹心 ELISA，主要用于检测大分子抗原；③双夹心 ELISA，此法与双抗体夹心 ELISA 的主要区别在于———它是采用酶标抗抗体检查多种大分子抗原，它不仅不必标记每一种抗体，还可提高试验的敏感性；④竞争 ELISA，此法主要用于测定小分子抗原及半抗原，其原理类似于放射免疫测定；⑤阻断 ELISA，主要用于检测型特异性抗体；⑥抗体捕捉 ELISA，主要用于先确定抗体具有 IgM 型特异性，然后再来鉴定被检抗体针对抗原的特异性。

(三) 血清学检测技术

1.血凝和血凝抑制试验

某些病毒或病毒的血凝素，能选择性地使某种或某几种动物的红细胞发生凝

集，这种凝集红细胞的现象称为血凝 (hemagglutination，HA)，也称直接血凝反应，当病毒的悬液中先加入特异性抗体，且这种抗体的量足以抑制病毒颗粒或其血凝素，则红细胞表面的受体就不能与病毒颗粒或其血凝素直接接触。这时红细胞的凝集现象就被抑制，称为红细胞凝集抑制 (hemagglutinationinhibition，HI)反应，也称血凝抑制反应。

(1)原理　血凝的原理因不同的病毒而有所不同，如痘病毒对鸡的红细胞发生凝集并非是病毒本身的作用，而是痘病毒的产物类脂蛋白的作用。而流感病毒的血凝作用是病毒囊膜上的血凝素与红细胞表面的受体糖蛋白相互吸附而引发的。

(2)直接血凝试验和血凝抑制试验的应用　直接血凝试验主要用于血库中红细胞抗原的分型、病毒抗原的鉴定等。血凝抑制试验主要用来测定血清中抗体的滴度、病毒的鉴定、监测病毒抗原的变异、流行病学的调查、动物群体疫情的监测等。

2.间接血凝试验和反向间接血凝试验

(1)原理　凝集反应中抗体球蛋白分子与其特异的抗原相遇时，在一定的条件下，便可形成抗原抗体复合物，由于这种复合物分子团很小，如果抗原抗体的含量过少时，则不能形成肉眼可见的凝集。若设法将抗原结合或吸附到比其体积大千万倍的红细胞表面上，则只要少量的抗体就可以使红细胞通过抗原抗体的特异性结合而出现肉眼可见的凝集现象。这就大大地提高了凝集反应的敏感性。于是人们将红细胞经过鞣酸或其他偶联剂处理后，使得多糖抗原或蛋白质抗原被红细胞表面的受体结合或吸附，这种被抗原致敏的红细胞遇到相应的抗体时，在一定的条件下，由于抗原抗体的特异性结合而间接地带动着红细胞的凝集，这一反应称为间接血凝反应。若在抗血清中先加入与致敏红细胞相同的抗原，在一定的条件下，经过一定时间后再加上这种抗原致敏的红细胞就不再发生红细胞的凝集，即抑制了原有的血凝反应，这种现象称为间接血凝抑制反应。同样，如果用抗体球蛋白致敏红细胞，也能与相应的抗原在一定的条件下起凝集反应，这称为反向间接血凝试验。当在与致敏红细胞的抗体相应的抗原液中，先加入相应的特异性抗体，在一定的条件下，经过一定的时间后再加入这种抗体致敏的红细胞，由于抗原先和特异性抗体结合，这种抗体致敏的红细胞就不能与抗原起反应，呈现血凝抑制现象，这称为反向间接血凝抑制试验。一般用抗原致敏红细胞比较容易，而用抗体致敏红细胞比较困难，主要原因是抗血清中蛋白质的成分很复杂，其中除了具有抗体活性免疫球蛋白之外，还有非抗体活性免疫球蛋白，这两种免疫球蛋白很难分开，而且这两种免疫球蛋白均能同时结合或吸附在红细胞表面，一旦非抗体活性免疫球蛋白在红细胞表面达到一定数量时，致敏的红细胞就不能再与相应的抗原形成可见的凝集。因此，一般实验室均用抗原来致敏红细胞。

(2)间接血凝试验和反向间接血凝试验的应用　间接血凝试验和反向间接血凝试验是以红细胞为载体，根据抗原抗体的特异性结合的原理，用已知抗原或抗体来检测未知的抗体或抗原的一种微量、快速、敏感的血清学方法。其用途很广。

①测定非传染性疾病的抗体。如类风湿关节炎的类风湿因子 (RF)及自身抗体、激素抗体等。

②测定传染性疾病的抗体。用于流行病学的调查，如布氏杆菌病、螺旋体病、猪霉形体肺炎等。

③用间接血凝试验进行某些病毒、细菌的鉴定和分型。

④间接血凝试验可用于血浆中 IgG 和其他蛋白组分的测定及对免疫球蛋白的基因分析。

⑤间接血凝试验用于进出口动物及其产品的检疫。如用间接血凝试验检疫进口猪的霉形体肺炎；用反向间接血凝试验检查进口肉品中口蹄疫病原体等。

3.琼脂凝胶免疫扩散试验

凝胶中抗原-抗体沉淀反应最早于1905年为研究利泽甘现象而首先应用。1932年将本方法应用于鉴定细菌菌株，但当时在凝胶中出现的沉淀带仍被认为是利泽甘现象。1946 年 Oudin 在试管中进行了免疫扩散试验，对抗原混合物进行分析。1948 年 Elek 和 Ouchterlony 分别建立了琼脂双向双扩散法，可以同时鉴定、比较两种以上抗原或抗体，并相继研究了免疫扩散的理论依据，使免疫化学分析技术向前迈进了一大步。

随着科学技术的进步，免疫扩散法与其他技术结合产生了许多新的技术，如免疫电泳、免疫液流电泳、酶免疫扩散等，使之在生物学和医学等领域得到更广泛的应用。

在凝胶扩散法之前的许多免疫化学技术,不能提供抗原混合物标准分析方法。最初设计出凝胶扩散试验的目的是为了对单一抗原或抗体进行定量分析,在凝胶中的任何免疫化学研究都必须从定性分析开始。应该注意的是:无论是在定量或定性试验中,只有在抗血清中存在足够浓度的抗体情况下才能检出抗原,反之亦然。

琼脂扩散试验可分为以下四种类型:单向单扩散试验,单向双扩散试验,双向单扩散试验,双向双扩散试验。在检疫实践中最为常用的是双向双扩散试验,一般所称的琼脂扩散试验多指双向双扩散试验。

4.凝集试验

某些微生物颗粒性抗原的悬液与含有相应的特异性抗体的血清混合,在一定条件下,抗原与抗体结合,凝集在一起,形成肉眼可见的凝集物,这种现象称为凝集 (agglutination),或直接凝集 (directagglutination)。凝集中的抗原称为凝集原 (agglutinogen),抗体称为凝集素 (agglutinin)。凝集反应是早期建立起来的四个古典的血清学方法 (凝集反应、沉淀反应、补体结合反应和中和反应)之一,在微生物学和传染病诊断中有广泛的应用。按操作方法,分为试管法、玻板法、玻片法和微量法等。

凝集反应用于测定血清中抗体含量时,将血清连续稀释 (一般用倍比稀释)后,加定量的抗原;测抗原含量时,将抗原连续稀释后加定量的抗体。抗原抗体反应时,出现明显反应终点的抗血清或抗原制剂的最高稀释度称为效价或滴度 (titer)。

(1)试管凝集试验 试管凝集试验是一种定量试验。用已知抗原测定受检血清中有无某种抗体及其滴度,以辅助诊断或作流行病学调查。试验可在小试管内或有孔塑料板上进行,将血清用生理盐水在各管或孔内作倍比稀释,然后加入等量的抗原悬液,振荡混合,置 37℃水浴 (或温箱)4h,取出室温放置过夜,观察结果。临床常用的有布氏杆菌病试管凝集反应。

(2)定量玻板凝集试验 在玻板或载玻片上进行,将适当稀释的待检血液或血清与抗原悬液各一滴滴在玻板上,阳性者数分钟后出现团块状或絮片状凝集。常用的有鸡白痢、鸡伤寒全血平板凝集试验和布氏杆菌病平板凝集试验、猪伪狂犬病乳胶凝集试验等。

(3)定性玻片凝集试验 定性玻片凝集试验是一种定性试验。可用已知抗体来检测未知抗原。若鉴定新分离的菌种时，可取已知抗体滴加在玻片上，将待检菌液一滴与其混匀。数分钟后，如出现肉眼可见的凝集现象，为阳性反应。该法简便快速，既可用于布氏杆菌病等抗体检测，又可用于沙门菌等细菌鉴定。

(4)微量凝集试验 微量凝集试验是一种简便的定量试验，尤其适合进行大规模的流行病学调查。

(四) 变态反应

1.基本原理

变态反应也叫过敏反应，其实质是异常的免疫反应或病理性的免疫反应。动物患某些传染病后，由于病原微生物或其代谢产物对动物机体不断地刺激，使动物机体致敏。当过敏的机体再次受到同种病原微生物刺激时，则表现出异常高度反应性，这种反应性可以表现在动物体的外部器官或皮肤上。因此，用已知的变应原 (引起变态反应的物质，也叫过敏原)给动物点眼、皮下、皮内注射，观察是否出现特异性变态反应，进行变态反应诊断。

2.实际应用

某些传染源引起的传染性变态反应，具有很高的特异性，可用于传染病诊断。主要应用于一些慢性传染病的检疫与监测，尤其适合动物群体检疫、畜群净化，是牛结核病、马鼻疽病检疫的常规方法。在动物疫病诊断和检疫中，常用的方法有皮内反应法、点眼法和皮下反应法。抗原制剂有鼻疽菌素、结核菌素、布氏杆菌水解素、副结核菌素等。接种的部位因为动物种类和传染病而异，马采用颈侧和眼睑，牛、羊除颈侧外，还可在尾根及肩胛中央部位，猪大多在耳根后，鸡在肉髯部位，猴在眼睑或腹部皮肤。各种抗原制剂接种的剂量也有不同，可参见使用说明。

以结核菌素为致敏原时，常用皮内反应法，于被检动物皮内注射小剂量结核菌素，24~72h注射部位可出现炎性反应，根据皮肤肿胀面积和肿胀皮厚度，可作出判定。在进出口动物 (如牛、羊、猪)的检疫中多用牛型和禽型两种提纯结核菌素 (PPD)，在不同位置同时注射作对比。此法对牛可区别特异性和非特异性反应；

对羊可诊断牛型结核病与副结核病；猪则诊断牛型结核病与禽型结核病。反应结果的解释根据签订的协议书来决定。

点眼法：以马鼻疽为例，将鼻疽菌素 3~4 滴滴入马眼结膜囊内，点眼后经 3h、6h、9h、24h 观察反应，鼻疽马眼内会出现脓性分泌物，眼结膜潮红、肿胀的阳性反应。对于阴性和可疑的马，相隔 5~6 天后可做第 2 次或第 3 次重检，以增加检出率。

皮下反应法比皮内法操作烦琐，而且检出率低，反应不如皮内法敏感易判断，因此较少采用。

(五) 中和试验

动物受到病毒感染后，体内产生特异性中和抗体，并与相应的病毒粒子呈现特异性结合，因而阻止病毒对敏感细胞的吸附，或抑制其侵入，使病毒失去感染能力。中和试验(neutralizationtest)是以测定病毒的感染力为基础，以比较病毒受免疫血清中和后的残存感染力为依据，来判定免疫血清中和病毒的能力。

中和试验常用的有两种方法：一种是固定病毒用量与等量系列倍比稀释的血清混合，另一种是固定血清用量与等量系列对数稀释 (即十倍递次稀释)的病毒混合；然后把血清-病毒混合物置适当的条件下感作一定时间后，接种于敏感细胞、鸡胚或动物，测定血清阻止病毒感染宿主的能力及其效价。如果接种血清病毒混合物的宿主与对照 (指仅接种病毒的宿主)一样地出现病变或死亡，说明血清中没有相应的中和抗体。中和反应不仅能定性而且能定量，故中和试验可应用于以下几种情况。

1.病毒株的种型鉴定

中和试验具有较高的特异性，利用同一病毒的不同型的毒株或不同型标准血清，即可测知相应血清或病毒的型，所以，中和试验不但可以定属而且可以定型。

2.测定血清抗体效价

中和抗体出现于病毒感染的较早期，在体内的维持时间较长。动物体内中和抗体水平的高低，可显示动物抵抗病毒的能力。

3.分析病毒的抗原性

毒素和抗毒素亦可进行中和试验，其方法与病毒中和试验基本相同。

用组织细胞进行中和试验,有常量法和微量法两种。因微量法简便,结果易于判定,适于做大批量试验,所以近来得到了广泛的应用。

(六) 单克隆抗体技术

自 1975 年 Kohler 和 Milstein 报道,通过细胞融合建立能产生单克隆抗体 (简称单抗)的杂交瘤技术以来,这个最基础的具有开创性的理论在生物科学的基础研究以及医学、预防医学、农业科学等领域得到广泛应用和实践,充分显示它对生命科学各领域产生的巨大而深远的影响,由于单抗有着免疫血清或抗体无法比拟的优点,迄今全世界已研制成数以千计的单抗,有的已投入市场,有的正在进行应用考核和深入观察。

1.单抗在诊断学中的应用

单抗应用最广泛的是诊断,主要用于病原诊断、病理诊断和生理诊断,随着微生物学、寄生虫学、免疫学的研究发展,人类对感染性和寄生虫性疾病有了新的认识,一个病原体存在着许多性质不同的抗原,在同一抗原上,又可能存在许多性质不同的属、种、群、型特异性抗原,采用杂交瘤技术,可以获得识别不同抗原或抗原决定簇的单抗,从而可以对感染性疾病和寄生虫病进行快速准确的诊断,同时可以用于调查疾病流行情况,进行流行毒株或虫株的分类鉴定,为病原的防疫治疗提供资料。目前应用单抗诊断试剂诊断的人、畜禽、植物等病毒、细菌或寄生虫病已有上百种,其中乙肝、狂犬病、乙型脑炎等人兽共患病三十余种;鸡新城疫、马立克病、猪瘟等畜禽病二十余种;植物病毒病十余种;人、畜禽细菌病二十余种;弓形虫、疟疾、旋毛虫等寄生虫病三十余种。另外,单抗还成功应用于含量极微的激素、细菌毒素、神经递质和肿瘤细胞抗原的诊断。

2.单抗应用于临床治疗

用单抗治疗肿瘤是医学界寄予厚望的一项研究,目前已研制出的肿瘤单抗有胃肠道肿瘤、黑色素瘤、肺癌等数十种,用单抗可能的治疗途径是采用高亲和并特异的单抗,偶联药物或毒素后 (生物导弹)可定向杀伤肿瘤,目前该研究在实验动物中已获得成功,而单独使用单抗治疗人恶性肿瘤获得成功的例子国外也有报道。使用单抗治疗畜禽传染病,尤其是病毒病如鸡传染性法氏囊病,成效十分显著。

3.单抗是生物学研究的有力工具

目前，单抗已广泛应用于不同学科，其中一部分是为基础理论研究服务的，在病原方面可用于分类、分型和鉴定毒株，可用于探查抗原结构以及用于抗感染免疫机制和中和抗原的研究，结合分子生物学方法，可以确认病毒抗原蛋白的编码基因，基因突变和转译产物的加工、处理、组装过程，从而进一步研制基因重组疫苗。作为一种特异的生物探针，通过单抗的免疫组化定位，研究细胞的生理功能和疾病的病因、发病机制；对激素和受体可采用单抗的免疫分析，免疫细胞化学定位，大大促进了激素和受体结构与功能、激素作用机制以及内分泌自身免疫性疾病病因的研究进展，另外单抗已应用于神经系统、血液系统、药理学和系统发育学、畜牧育种及性别控制等学科的研究工作中，从而极大地推动了整个生物学科的发展。

4.3　动物检疫后的处理

动物检疫处理是指在动物检疫中根据检疫结果对被检动物、动物产品等依法作出的处理措施。动物检疫结果有合格和不合格两种情况，因此，动物检疫处理的原则有两条：一是对合格动物、动物产品发证放行，二是对不合格的动物、动物产品贯彻 "预防为主" 和就地处理的原则，不能就地处理的 (如运输中发现)可以就近处理。

动物检疫处理是动物检疫工作的重要内容之一，必须严格执行相关规定和要求，保证检疫后处理的法定性和一致性，只有合理地进行动物检疫处理，才能防止疫病的扩散，保障防疫效果和人的健康，真正起到检疫的作用。只有做好检疫后的处理，才算真正完成动物检疫任务。

4.3.1 动物检疫的结果

(一) 检疫结果的判定

进出境动物检疫结果的判定主要是指实验室检验结果的判定。检疫结果是出具检疫证书的科学基础，检疫证书是检疫结果的书面凭证，检疫结果的判定和出证是确定动物是否符合有关规定的必然要求和最终表现，是对进出境动物放行、进行检疫处理和货主对外索赔的科学依据。同时，检疫结果的判定将决定检疫处理的方式，而检疫处理不仅直接关系到动物疫病传入、传出国境，而且还牵涉到进出口商的利益。这就要求试验结果判定者不仅要具备很高的技术水平，还要具有科学的态度和高度的责任心，对试验结果进行客观公正的判断。将阳性判为阴性，会造成动物疫病传入或传出国境；将阴性判为阳性，进口的动物和动物产品就要做退回或销毁处理，不仅影响对外贸易的发展，而且有损于中国检验检疫机关的形象。

任何一项检疫结果都必须具有可重复性，当进出口商或国外检疫当局对检疫结果有疑问并需要复查时，检验检疫机关不仅要出示原始检疫记录、试验操作规程、结果判定标准，而且还要对原有样品进行复试。只有公正客观地对检疫结果进行判定，才能公正地执法。检疫结果判定的依据如下。

(1)国际标准　世界贸易组织规定，在动物卫生领域的国际标准采用世界动物卫生组织制定的标准，要有 《陆生动物诊断试验和投药标准手册》和 《水生动物疾病诊断手册》，这两本手册包括了 OIE 的所有 A 类和 B 类病的诊断方法和判定标准。

(2)双边协议　目前，我国已和 50 多个国家签署了近 200 个进出境动物和动物产品检疫议定书 (双边协定)，如与朝鲜、阿根廷等签订的动物检疫及兽医卫生合作协定，与德国、英国、日本、丹麦、新西兰、加拿大、法国、美国等签订的进 (出) 口动物检疫单项条款，与丹麦、新西兰、澳大利亚、美国等签订的动物检疫备忘录，与南非、摩洛哥、斯洛伐克、马其顿等国家签订的动植物检验检疫合作议定书等。在这些议定书中，明确规定了各种疫病的诊断方法和结果判定标准，缔约双方开展检疫时，必须严格遵循议定书中规定的方法和判定标准。

(3)国家标准 全国动物检疫标准化技术委员会负责组织制定、修订和审定动物检疫和动物卫生方面的标准。目前有关动物检疫和动物卫生方面的国家标准达数十个。

(4)检疫规程 贸易双方无检疫议定书，又无国家标准可供依据时，可参照国家质检总局制定的检疫规程。

(二) 检疫处理的原则

检疫处理总的原则是：在保证动 (植)物病虫害不传入或传出国境的前提下，同时考虑尽量减少经济损失以促进对外贸易的发展。能做除害处理的，尽可能不进行销毁。无法进行除害处理或除害处理无效的，或法律有明确规定的，要坚决做扑杀、销毁或者退回处理，做出扑杀、销毁处理决定后，要尽快实施，以免疫病进一步扩散。

具体事项的处理原则如下。

(1)在输入动物时，检出中国政府规定的一类传染病、寄生虫病的，其阳性动物连同其同群的其他动物全群退回或全群扑杀并销毁尸体。

(2)在输入动物时，检出中国政府规定的二类传染病、寄生虫病的，其阳性动物退回或扑杀，同群其他动物在动物检疫隔离场或检验检疫机关指定的地点继续隔离观察。

(3)输入动物产品和其他检疫物，经检疫不合格的，做除害、退回或销毁处理，处理合格的准予进境。

(4)输入的动物、动物产品和其他检疫物检出带有一、二类传染病和寄生虫病名录以外的，对农、林、牧、渔业生产有严重危害的其他疾病的，由口岸检验检疫机构根据有关情况，通知货主或其代理人做除害、退回或销毁处理，经除害处理合格的，准予进境。

(5)出境动物、动物产品和其他检疫物经检疫不合格或达不到输入国要求而又无有效方法做除害处理的，不准出境。

(6)过境的动物经检疫发现有我国公布的一、二类传染病和寄生虫病的，全群动物不准过境。

(7)过境动物的饲料受病原污染的，做除害、不准过境或销毁处理。

(8)过境的动物尸体、排泄物、铺垫材料及其他废弃物,必须在口岸检验检疫机构的监督下进行无害化处理。

(9)对携带、邮寄我国规定的禁止通过携带、邮寄方式进境的动物、动物产品和其他检疫物进境的,做退回或销毁处理。

(10)携带、邮寄允许通过携带、邮寄方式进境的动物、动物产品及其他检疫物经检疫不合格而又无有效方法做除害处理的,做退回或销毁处理。

(11)进境运输工具上的动物性废弃物,必须经检验检疫机构处理。

(三)检疫处理的方式和程序

1.检疫处理的方式

检疫处理的方式有除害、扑杀、销毁、退回、截留、封存、不准入境、不准出境、不准过境等。

(1)除害 通过物理、化学和其他方法杀灭有害生物,包括熏蒸、消毒、高温、低温、辐照等。

(2)扑杀 对经检疫不合格的动物,依照法律规定,用不放血的方法进行致死,消毒传染源。

(3)销毁 即用化学处理、焚烧、深埋或其他有效方法彻底消灭病原体及其载体。

(4)退回 对尚未卸离运输工具的不合格检疫物,可用原运输工具退回输出国;对已卸离运输工具的不合格检疫物,在不扩大传染的前提下,由原入境口岸在检验检疫机构的监管下退回输出国。

(5)截留 对旅客携带的检疫物,经现场检疫认为需要除害或销毁的,签发《出入境人员携带物留验/处理凭证》,作为检疫处理的辅助手段。

(6)封存 对需进行检疫处理的检疫物予以封存,防止疫情扩散,也是检疫处理的辅助手段。

2.检疫处理的程序

检疫处理的程序是口岸检验检疫机构根据检验检疫结果,对不合格的检疫物签发《检验检疫处理通知书》,通知货主或其代理人进行处理。检疫处理必须在检疫人员的监督下进行,检疫处理后,货主可根据需要向检验检疫机构申请出具有关对外索赔证书。

4.3.2 国内检疫处理

(一) 合格动物、 动物产品的处理

经检疫确定为无检疫对象的动物、动物产品属于合格的动物、动物产品，由动物防疫监督机构出具证明，动物产品同时加盖验讫标志。

1.合格动物

县境内进行交易的动物，出具 《动物产地检疫合格证明》；运出县境的动物，出具 《出县境动物检疫合格证明》。

2.合格动物产品

县境内进行交易的动物产品，出具 《动物产品检疫合格证明》；运出县境的动物产品，出具 《出县境动物产品检疫合格证明》；剥皮肉类 (如马肉、牛肉、骡肉、驴肉、羊肉、猪肉等)，在其胴体或分割体上加盖方形针码检疫印章，带皮肉类加盖滚筒式验讫印章。白条鸡、鸭、鹅和剥皮兔等，在后腿上部加盖圆形针码检疫印章。

(二) 不合格动物、 动物产品的处理

经检疫确定含有检疫对象的动物、疑似病畜及染疫动物产品为不合格的动物、动物产品。对经检疫不合格的动物及其产品，应做好防疫、消毒和其他无害化处理，无法进行无害化处理的，予以销毁。若发现动物、动物产品未按规定进行免疫、检疫或检疫证明过期的，应进行补注、补检或重检。

①补注。对未按规定预防接种或已接种但超过免疫有效期的动物进行的预防接种。

②补检。对未经检疫进入流通领域的动物及其产品进行的检疫。

③重检。动物及其产品的检疫证明过期或虽在有效期内，但发现有异常情况时所做的重新检疫。

经检疫的阳性动物施加圆形针码免疫、检疫印章，如结核阳性牛，在其左肩胛部加盖此章；布氏杆菌阳性牛，在其右肩胛部加盖此章。

不合格的动物产品应加盖销毁、化制或高温标志做无害化处理。

(三) 各类动物疫病的检疫处理

按照 《中华人民共和国动物防疫法》规定的动物疫病控制和扑灭的相关规定处理。

1.一类动物疫病的处理

当发现一类动物疫病时，当地县级以上地方人民政府畜牧兽医行政管理部门应立即派人到现场，划定疫点、疫区、受威胁区，并及时报请同级人民政府发布封锁令对疫区实行封锁，同时将疫情等情况于 24h 内逐级上报农业部。

县级以上地方人民政府应立即组织有关部门和单位对疫区采取封锁、隔离、扑杀、销毁、消毒、紧急免疫接种等强制性控制、扑灭措施，并通报相邻地区联防，迅速扑灭疫情。

在封锁期间，禁止疫区动物及动物产品流出疫区，禁止非疫区的易感染动物进入疫区，并根据扑灭疫病的需要对出入封锁区人员、运输工具及有关物品采取消毒和其他限制性措施。当疫点、疫区内的染疫、疑似染疫动物扑杀或死亡后，经过该疫病最长潜伏期的检测，再无新病例发生时，经县级以上人民政府畜牧兽医行政管理部门确认合格后，由原来发布封锁令的政府宣布解除封锁。

2.二类动物疫病的处理

当地县级以上畜牧兽医行政管理部门划定疫点、疫区、受威胁区，县级以上地方人民政府组织有关单位和部门对疫区内易感动物采取隔离、扑杀、销毁、消毒、紧急免疫接种措施，限制易感动物以及动物产品、有关物品出入，以迅速控制、扑灭疫情。

3.三类动物疫病的处理

县级、乡级人民政府按照动物疫病预防计划和农业部的有关规定，组织防治和净化。

4.3.3 4.三类疫病暴发流行时的处理

按照一类疫病处理办法处理。

5.人畜共患疾病的处理

农牧部门与卫生行政部门及有关单位互相通报疫情，及时采取控制、扑灭措施。

4.3.4 进境检疫处理

(一) 合格动物、动物产品的处理

输入动物、动物产品和其他检疫物，经检疫合格的，由口岸动植物检疫机关在报关单上加盖印章或者签发《检疫放行通知单》，准予入境。经现场检疫未发现异常，必须调离海关监管区进行隔离场检疫的，由口岸动植物检疫机关签发《检疫调离通知单》。

(二) 不合格动物、动物产品的处理

(1)输入动物经检疫不合格的，由口岸动植物检疫机关签发《检疫处理通知书》，通知货主或其代理人做如下处理。

①一类疫病。连同同群动物全部退回或全部扑杀，销毁尸体。

②二类疫病。退回或扑杀患病动物，同群其他动物在隔离场或在其他隔离地点隔离观察。

(2)输入动物产品和其他检疫动物经检疫不合格的，由口岸动植物检疫机关签发《检疫处理通知单》，通知货主或其代理人做除害、退回或销毁处理。经除害处理合格的，准予入境。

(3)禁止下列物品入境

①动物病原体 (包括菌种、毒种等)、害虫 (对动物及其产品有害的活虫)及其他有害生物 (如有危险性虫病的中间寄主、媒介等)。

②动物疫情流行国家和地区的有关动物、动物产品和其他检疫物。

③动物尸体等。

4.3.5 入境动物检疫处理

1.现场检疫处理

(1)凡不能提供有效检疫证书的，视情况做退回或销毁处理。

(2)现场检疫发现动物发生少量死亡或有一般可疑传染病临床症状时，应做好现场检疫记录，隔离有传染病临床症状的动物。必要时对死亡的动物应及时移送指定地点做病理剖检，并采样送实验室检验，死亡的动物尸体转运到指定地点进行无害化处理并出具证明进行索赔或作其他处理。

(3)现场检疫发现动物发生大批死亡或有 《名录》中所列一类传染病、寄生虫病临床症状的，必须立即封锁现场，采取紧急防疫措施，禁止卸离运输工具，全群退回并立即上报国家质检总局和地方人民政府。

(4)动物铺垫材料、剩余饲料和排泄物等，由货主或其代理人在检疫人员的监督下，作除害处理。如熏蒸、消毒、高温处理等。

(5)未按 《中华人民共和国动物进境许可证》规定的要求输入境的，按 《中华人民共和国进出境动植物检疫法》的规定，视情况做处罚、退回或销毁处理。

(6)未经检验检疫机构同意，擅自卸离运输工具，按 《中华人民共和国进出境动植物检疫法》的规定，对有关人员给予处罚。

(7)动物到港前或到港时，产地国家或地区突发动物疫情的，根据国家质检总局颁布的相关公告执行。

(8)对旅客携带的伴侣动物，不能交验输出国 (或地区)官方出具的检疫证书和狂犬病免疫证书或超出规定限量的，做暂时扣留处理。旅客应在口岸检验检疫机构规定的期限内补证，办理退回境外手续，逾期未办理补证或旅客声明自动放弃的，视同无人认领物品，由口岸检验检疫机构进行检疫处理。

对整群动物进行临床诊断观察，若发现有下列症状者，一般认为动物健康状况不良，可根据情况作综合判定。

①精神状态。动物是否有惊恐不安、狂躁不驯表现，这是马流行性脑脊髓炎和狂犬病的特征表现。动物是否有沉郁、嗜睡甚至昏迷表现，这多为发热性疾病和衰竭性疾病的表现。

②被毛状况。被毛是否逆立、无光，是否有局限性脱毛，这时应多注意皮肤病或外寄生虫病如螨病的可能。

③皮肤的颜色。皮肤苍白乃贫血之症；皮肤黄染多见于肝病及溶血性疫病，如钩端螺旋体病等；皮肤蓝紫色又称发绀，多见于亚硝酸盐中毒、蓝耳病等。

④皮肤疹疤。反刍兽和猪的皮肤尤其是口腔部及蹄部的皮肤有小水疱性病变，继而溃烂，可提示口蹄疫或传染性水疱病。马的臀部 (有时在颈侧、胸侧)的所谓银元疹，提示马媾疫的可能。另外猪的体表部位有较大的坏死与溃烂，应提示坏死杆菌病。

⑤眼和结合膜检查。猪大量流泪，可见于流行性感冒；在眼窝下方见有流泪的痕迹，提示传染性萎缩性鼻炎的可能；脓性眼分泌物是化脓性结膜炎的特征，可见于某些热性传染病，尤其应注意猪瘟；结合膜潮红多可能为结膜炎所致；苍白是各型贫血的特征；发绀可提示某些毒物中毒、饲料中毒 (如亚硝酸盐中毒)；黄疸多由肝病或引起肝胆损伤的传染病引起；结合膜上有点状或斑点状出血，是出血性素质的特征，在马多见于血斑病、焦虫病，尤其是急性或亚急性马传染性贫血时更为明显。

⑥口、鼻腔检查。口腔大量流涎提示口蹄疫及中毒病 (如鸡的有机磷中毒及猪的食盐中毒等)，口腔黏膜颜色的变化与眼结合膜相近；动物若有大量鼻液多见于肺坏疽、支气管炎、支气管肺炎、大叶性肺炎的溶解期以及马腺疫、急性开放性鼻疽等；动物频繁性咳嗽多提示有呼吸道疫病。

2.隔离检疫和实验室检验的检疫处理

根据隔离检疫和实验室检验的结果对该批动物作综合判定并进行相应的处理。

(1)隔离期间发现死亡、患病动物或者疑似病例，应迅速报告检验检疫机构，并立即采取下列措施。

①将患病动物转移至病畜隔离区进行隔离，由专人负责管理。

②对患病动物停留或可能污染的场地、用具和物品等进行消毒。

③严禁转移和急宰患病动物。

④死亡动物应保持完整，等待检验检疫机构检查。

(2)必要时，对死亡动物进行尸体剖检，分析死亡原因，并做无害化处理。相关过程要留有影像资料。

(3)如发现《名录》所列的一类传染病、寄生虫病，按规定做全群退回或全群扑杀销毁处理。

(4)如发现二类传染病或寄生虫病，对患病动物做退回或扑杀、销毁处理，同群其他动物继续隔离观察。

(5)对发现严重动物传染病或者疑似重大动物传染病的，应当立即按照国家质量监督检验检疫总局下发的《进出境重大动物疫情应急处理预案》启动相关应急工作程序，有效控制疫情。

(6)对检出规定检疫项目和《名录》以外的对畜牧业有严重危害的其他传染病或寄生虫病的动物，由国家质检总局根据其危害程度作出检疫处理决定。

(7)对经检疫合格的入境动物由隔离场所在地检验检疫机构在隔离期满之日签发有关单证(即《入境货物检验检疫证明》)予以放行。

第5章 重大畜禽疫情应急管理

发生重大疫情，比如禽流感、口蹄疫等，各级主管部门和地方政府，应立即采取有效措施，尽快扑灭疫情。主要做好疫情报告、隔离、封锁、扑杀与无害化处理。

5.1 疫情报告

及时上报疫情，有利于及时采取防控措施，阻止疫病传播和扩散。《中华人民共和国动物防疫法》(以下简称《动物防疫法》)第三章第二十一条规定:发生一类动物疫病时，当地县级以上地方人民政府畜牧兽医行政管理部门应当立即将疫情等情况逐级上报国务院畜牧兽医管理部门。该章第二十七条规定:发生人兽共患疫病时，有关畜牧兽医行政管理部门应当与卫生行政管理部门及有关单位互相通报疫情。畜牧兽医行政管理部门、卫生行政管理部门及有关单位应当及时采取控制、扑灭措施。

划分疫点、疫区和受威胁区

根据发病感染情况，确定疫点、疫区和受威胁区。分区的目的是为了区别对待。对疫点可采取消毒、扑杀等措施，疫区可采取隔离、封锁等措施，受威胁区可采取紧急免疫等措施。

5.2　隔离

隔离的目的是为了管理和控制传染源，防止健康人、动物继续受到传染，以便将疫情控制在最小范围内加以扑灭。根据诊断、检疫结果，可将疫区内全部受检动物分为发病动物、可疑动物和假定健康动物。分别隔离，采取不同处理措施。

5.3　封锁

封锁的目的是为了限制传染源流动，防止疫情继续传播和扩大，以便将疫情控制在最小范围内加以扑灭。《动物防疫法》第三章第二十一条规定："发生一类动物疫病时，当地县级以上地方人民政府畜牧兽医行政管理部门应当立即派人到现场，划定疫点、疫区、受威胁区，采集病料，调查疫源，及时报请同级人民政府决定对疫区实行封锁，将疫情等情况逐级上报国务院畜牧兽医行政管理部门。""疫区范围涉及两个以上行政区域的，由有关行政区域共同的上一级人民政府决定对疫区实行封锁，或者由各有关行政区域的上一级人民政府共同决定对疫区实行封锁"。执行封锁时应遵守尽早发现、迅速处理、严密封锁、范围尽量要小的"早、快、严、小"的原则。在封锁期间，禁止染疫和疑似染疫的动物、动物产品流出疫区，禁止非疫区的动物进入疫区，并根据扑灭动物疫病的需要对出入封锁区的人员、运输工具及有关物品采取消毒和其他限制性措施。当疫区(包括疫点)最后一头患病动物痊愈或扑杀后，经过该病一个潜伏期以上的检测、观察未再出现患病动物时，经彻底清扫和终末消毒，由县级以上农牧部门检查合格后，由原决定机关发布解除封锁令，并通报毗邻地区和有关部门。五、　扑杀与无害化处理

(一) 扑杀

扑杀是消灭传染源，防止疫情扩散最彻底的一项的措施。《动物防疫法》第

三章第二十一条规定："发生一类动物疫病时，县级以上地方人民政府应当立即组织有关部门和单位采取隔离、扑杀、销毁、消毒、紧急免疫接种等强制性控制、扑灭措施，迅速扑灭疫病，并通报毗邻地区。"扑杀患病或同群动物时，应注意防止扑杀过程中病原体的扩散，同时还应善待动物，尽量减少扑杀动物的痛苦。目前，小动物 (兔、猫、犬、禽)的处死，通常采取吸入法 (麻醉剂，如乙醚;窒息剂，如二氧化碳等)、注射法 (静脉注射戊巴比妥钠、空气)、断颈法等。大动物采取电击、二氧化碳麻醉等不放血的方式扑杀。

(二) 无害化处理

死亡或扑杀动物的尸体及分泌物等含有大量病原体，处理不当会造成疫病蔓延和扩散。因此，必须对患病死亡或扑杀动物的尸体及分泌物等进行销毁、化制、高温等无害化处理。具体操作参见《畜禽病害肉尸及其产品无害化处理规程》(GB 16548 1996)。

第6章 动物饲养场的监管

6.1 饲养场在选址方面的监管内容

饲养场的选址应符合农业部《动物防疫条件审查办法》的规定，官方兽医通过对饲养场选址条件的监管，使其与居民区、生活饮用水源地、学校、医院、主要交通干线、相关场所保持必要的物理隔离空间，避免或减少相互之间的环境风险和生物安全的影响。

具体监管内容如下。

①要求距离生活饮用水源地、动物屠宰加工场所、动物和动物产品集贸市场500米以上。

②距离种畜禽场1000米以上。

③距离动物诊疗场所200米以上。

④动物养殖场(养殖小区)之间的距离不少于500米。

⑤距离动物隔离场所、无害化处理场所3000米以上。

⑥距离城镇居民区、学校(文化教育科研机构)、医院等人口集中区域及公路、铁路等主要交通干线500米以上。

6.2 饲养场在布局方面的监管内容

饲养场区的布局应符合农业部《动物防疫条件审查办法》规定的条件，在总体布局上建立区域性物理隔离条件，即通过围墙、房舍、门禁等设施使生产区与其他区域相隔离。

同时，通过人流、物流的控制条件，实现动物疫病防控的目的。

具体监管内容如下：

①场区周围建设围墙。

②场区出入口处设置与门同宽，长 4 米、深 0.3 米以上的消毒池。

③生产区与生活办公区分开，并有隔离设施。

④生产区入口处设置更衣消毒室，各养殖栋舍出入口设置消毒池或者消毒垫。

⑤生产区内净道、污道分设。

⑥生产区内各养殖栋舍之间距离在 5 米以上或有隔离设施。

禽类饲养场、养殖小区内的孵化间与养殖区之间还应设置隔离设施，并配备种蛋熏蒸消毒设施，孵化间的流程应当单向，不得交叉或者回流。

6.3 饲养场应具备的设施设备

①场区入口处配备消毒设备。

②圈舍地面和墙壁选用适宜材料以便清洗消毒。

③配备疫苗冷冻(冷藏)设备、消毒和诊疗等防疫设备的兽医室，或者有兽医机构为其提供相应服务。

④有与生产规模相适应的无害化处理、污水污物处理设施设备。

⑤相对独立的引入动物隔离舍和患病动物隔离舍。

6.4 饲养场应建立的防疫制度

饲养场应建立免疫制度、用药制度、检疫申报制度、疫情报告制度、消毒制度、无害化处理制度、畜禽标识等制度。

上述制度应在当地动物卫生监督机构的指导下制定，各项制度的内容应根据当地动物卫生监督工作的需要做出具体规定。

举例如下：

(1)免疫制度遵守《中华人民共和国动物防疫法》(以下简称《动物防疫法》)及国家其他防疫规定，按当地农牧部门和动物卫生监督机构的统一布置和要求，认真做好重大动物疫病或规定病种的免疫工作。

①在当地动物疫病预防控制机构的指导下，根据本养殖场实际，制定科学合理的免疫程序，并严格遵守。

②严格免疫操作规程，确保免疫质量。

③遵守国家关于生物安全方面的规定，使用来自正规渠道的合格疫苗产品，不使用实验产品或中试产品。

④建立疫苗出入库制度，严格按照要求贮运疫苗，确保疫苗的有效性。

⑤废弃疫苗按照国家规定做无害化处理，不乱丢、乱弃疫苗及疫苗包装袋。

⑥疫苗接种及反应处置由取得合法资质的兽医操作或在其指导下进行。

⑦免疫接种人员按国家规定做好个人防护。

⑧疫苗接种后，按规定佩戴免疫标识，并详细记入免疫档案。

⑨根据本养殖场的实际情况，完善免疫程序和免疫制度。

(2)用药制度为了规范兽药采购、保管和使用，确保安全用药，保障畜产品质量安全，特制定本制度。

①树立科学用药观念，不乱用药。

进行预防性、治疗性用药，必须由有资质的兽医决定，其他人员不得擅自使用。

②新购兽药，必须购买正规厂家的合格产品或从国家规定的正规渠道购进。

禁止使用假、劣兽药以及国务院兽医行政管理部门规定禁止使用的药品和其他化合物。

③使用兽药，应当遵守国务院兽医行政管理部门制定的兽药安全使用规定，并建立用药记录，载明进货厂家或经销商、数量、批号、有效期等内容。

④禁止将人用药品用于动物。

⑤有休药期规定的兽药用于食品动物时，饲养者应当向购买者或者屠宰者提供准确、真实的用药记录。

严格遵守国家关于休药期的规定，休药期内的畜禽不得出售、屠宰，不得食用。

⑥禁止在饲料和动物饮用水中添加激素类药品和国务院兽医行政管理部门规定的其他禁用药品。

禁止将原料药直接添加到饲料及动物饮用水中或者直接饲喂动物。

⑦不得擅自改变兽药的给药途径、投药方法和使用时间。

(3)检疫申报制度

①认真执行《动物防疫法》及相关法律、法规，落实检疫申报制度。

②出售、运输动物产品和供屠宰、继续饲养的动物，提前3天向当地动物卫生监督机构申报检疫。

③出售和运输乳用动物、种用动物及其精液、卵、胚胎、种蛋，以及参加展览、演出和比赛的动物，提前15天申报检疫。

④合法捕获的野生动物，在捕获后3天内申报检疫。

⑤屠宰动物者，提前6小时向所在地动物卫生监督机构申报检疫；急宰动物者，随时申报。

⑥跨省调运乳用、种用动物及其精液、胚胎或种蛋的，应提交输入地省级动物卫生监督机构批准的《跨省引进乳用种用动物检疫审批表》。

⑦申报检疫采取申报点填报或传真、电话等方式申报。

采用电话申报的，需在现场补填检疫申报单。

⑧跨省引进种用、乳用动物者应及时报告并按规定隔离观察；引进非种用、乳用动物到达目的地后应当在24小时内向当地动物卫生监督机构报告，并接受监

督检查。

⑨积极配合官方兽医在养殖场所或指定地点实施检疫。

⑩动物及动物产品未经检疫，未取得《动物检疫合格证明》者，禁止调运。

(4)动物疫情报告制度

①养殖场(小区)业主是疫情报告第一责任人，要认真遵守《动物防疫法》及其他相关法律、法规的规定，积极预防、控制和扑灭动物疫情。

②动物疫情实行逐级报告制度。

动物饲养单位和个人发现动物出现群体发病或者死亡的，应当立即向所在地动物卫生监督机构报告。

③养殖场(小区)动物疫情报告以书面报告为主，紧急情况时可电话报告。

④任何人不得乱报、谎报、漏报、瞒报重大动物疫情。

⑤发现重大动物疫病或疑似重大动物疫病(或重点控制的人畜共患病)，应立即采取隔离、控制转运和消毒等防控措施，同时电话报告当地兽医部门，经诊断核实为可疑疫情的，在当地动物防疫机构的指导下，按规定开展先期处置。

⑥按规定做好本场(小区)动物疫情记录。

(5)消毒制度

①养殖场出入口和圈舍门前设消毒池，并保证定期填充有效消毒液，消毒池的药液每周至少更换 1 次。

②选择高效低毒，对人、畜无害的消毒药品，对环境、生态及动物有危害的药不得使用。

③圈舍每天清扫 1~2 次，周围环境每周清扫 1 次。

保持圈舍、场地、用具及圈舍周围环境的清洁卫生，对清理的污物、粪便、垫草及饲料残留物应通过生物发酵、焚烧、深埋等进行无害化处理。

④定期进行消毒工作。

一般饲槽、饮水器应每天清洗 1 次，圈舍和用具每周消毒 1 次，周围环境每月消毒 1 次，发病期间做到 1 天消毒 1 次。

⑤场内工作人员进出要更换衣服和鞋帽，场外的衣物、鞋帽不得穿入场内，场内使用的外套、衣物不得带出场外，并定期进行消毒。

⑥所有人员进入养殖区必须经过消毒更衣室，并对手、鞋进行消毒。

⑦发现疑似疫情时，进行全场紧急消毒。

(6)无害化处理制度

①对场内产生的病死动物及其产品不买卖、不转运、不丢弃、不食用，全部进行彻底的无害化处理。

②当养殖场发生重大动物疫情时，除对病死动物进行无害化处理外，还应服从当地兽医主管部门和动物卫生监督机构的决定，对同群或染疫的畜禽进行扑杀和无害化处理。

③无害化处理过程必须在驻场兽医和当地动物卫生监督机构监督下进行，并认真对无害化处理的畜禽数量、死因、处理方法、时间等详细记录在养殖档案。

④进行无害化处理的场所应远离居民区、水源、公共场所、动物屠宰场、动物饲养场所及交通要道，防止危害公共卫生安全。

⑤掩埋动物尸体前，要先行焚烧处理，掩埋的坑底铺 2 厘米厚生石灰，掩埋后将掩埋土夯实。

病害动物尸体上层距地表要在 1.5 米以上。

焚烧后的动物尸体表面，以及掩埋后的地表环境使用有效消毒药喷洒消毒。

⑥无害化处理结束后，必须彻底对其圈舍、用具、道路、无害化处理场地等进行消毒。

⑦不断完善场内无害化处理设施设备，做到无害化处理不出场。

(7)畜禽标识制度 为加强和规范动物强制免疫工作，有效控制动物疫病的发生和流行，依据《动物防疫法》及相关规章，制定本制度。

①新出生畜禽，在出生后 30 天内加施畜禽标识；30 天内离开饲养地的，在离开饲养地前加施畜禽标识。

②经当地畜牧兽医行政管理部门批准，可由本场具备条件的专职兽医人员实施强制免疫，对强制免疫的动物佩戴畜禽标识，但须接受动物卫生监督机构的监督。

③猪、牛、羊等在左耳中部加施畜禽标识，需要再次加施畜禽标识者，在右耳中部加施。

④从县境外调入的饲养动物，需再次实施强制免疫的，免疫耳标佩戴在右耳，同时重新建立免疫档案。

⑤对种用和乳用动物，应每头(只)建立单独的免疫档案，调运时注明调出和调入地，已经佩戴耳标且在免疫有效期内的，不必重新佩戴耳标。

⑥畜禽标识严重磨损、破损、脱落后，应当及时加施新的标识，并在养殖档案中记录新标识编码。

⑦猪、牛、羊等强制免疫病种免疫接种后必须加施畜禽标识，没有加施畜禽标识的，不得运出养殖场。

⑧畜禽标识不得重复使用。

6.5　畜禽标识的监管内容

为切实保证强制免疫计划的落实，国家实施以畜禽标识为基础的可追溯管理，这一措施对于动物疫病的风险评估和疫情控制，准确掌握动物群体和个体的免疫、监测和移动状况有着十分重要的流行病学意义。

因为，每个畜禽标识都记载了该动物饲养地及强制免疫等信息，带有畜禽标识的动物不论运到哪里，只要我们通过识读器便可知道该动物的相关信息，实现对相关动物疫病的可追溯管理，这样就能有效地预防、控制和扑灭动物疫病，为动物检疫提供一些有价值的信息数据，保障动物食品的安全。

所以，加施畜禽标识有利于动物疫病的检测、控制和消灭，可以为建立全国性有效的动物疫病应急反应机制提供技术保证；有利于及时追溯疫源，迅速防控动物疫病，阻止疫情扩散，减少经济损失；有利于动物源性食品从生产到消费的全程监管。

(1)畜禽标识的内容　畜禽标识是指经农业部批准使用的耳标、电子标签、脚环以及其他承载畜禽信息的标志。

畜禽标识实行一畜一标，编码具有唯一性。畜禽标识编码由畜禽种类代码、县级行政区域代码、标识顺序号共 15 位数字及专用条形码组成，专用条形码为农业部规定的二维码。如猪、牛、羊的畜禽种类代码分别为 1、2、3，编码形式为：×(种类代码)-××××××(县级行政区域代码)?×××××××(标识顺序号)。猪耳标呈圆形，肉色；牛耳标呈铲形，浅黄色；羊耳标呈半圆弧的长方形，橘黄色。

(2)畜禽标识加施 对于新出生的畜禽，要在出生后 30 天内加施畜禽标识。如果畜禽在 30 天内需要离开饲养地，则要在离开饲养地之前加施畜禽标识。从国外引进的畜禽，要在畜禽到达目的地之日起的 10 日内加施畜禽标识。如猪、牛、羊加施畜禽标识的部位是在左耳中部，需要再次加施畜禽标识的就在右耳中部。畜禽标识严重磨损、破损、脱落后，应当及时加施新的标识，并在养殖档案中记录新标识编码。

(3)畜禽标识的查验、登记和回收 官方兽医在实施产地检疫时，应当查验畜禽标识。没有加施畜禽标识的，不得出具检疫合格证明。官方兽医在畜禽屠宰前，需查验、登记畜禽标识。畜禽经屠宰检疫合格后，在畜禽产品检疫标志中要注明畜禽标识编码。畜禽屠宰经营者应当在畜禽屠宰时回收畜禽标识，由动物卫生监督机构保存、销毁。

6.6　饲养场申办《动物防疫条件合格证》

饲养场的规模标准由省级人民政府根据本行政区域畜牧业发展状况制定，饲养场所的动物防疫条件是预防、控制和扑灭动物疫病的基本保障，申办《动物防疫条件合格证》，是动物饲养场(养殖小区)负责人的法定义务。

饲养场和养殖小区建成后，应主动向当地县级以上地方人民政府兽医主管部门提出申办《动物防疫条件合格证》的申请，经受理申请的兽医主管部门依法审查合格，发给《动物防疫条件合格证》后，才能进行动物养殖活动。

《动物防疫条件合格证》作为一项行政许可，是具有独立法人主体资格的单位办理工商注册的前置性审批，即工商行政部门对未取得《动物防疫条件合格证》的相关单位不予进行注册(法律依据《动物防疫法》第20条)。

饲养场、养殖小区未申办《动物防疫条件合格证》就进行动物饲养和经营活动的属违法行为，要承担相应法律责任。

动物卫生监督机构对不履行上述法定义务的责任人要责令改正，处1000元以上1万元以下罚款，情节严重的，处1万元以上10万元以下罚款。

6.7 养殖场(户)按规定进行强制免疫

养殖场应贯彻预防为主的方针。

依法对牲畜口蹄疫、高致病性禽流感等动物疫病进行强制免疫，建立免疫档案，加施畜禽标识，是动物饲养、经营等相关单位和个人的法定义务。

因为，动物疫病是动物饲养和经营活动面临的最大风险，所以从事相关活动的单位和个人，不仅需要保护自身利益，而且也有责任保护同行业的其他生产者利益以及人民群众的健康，所以动物饲养单位和个人应当依法履行动物疫病强制免疫的职责，按照当地兽医主管部门的要求做好强制免疫工作。

如果动物饲养单位和个人不按照动物疫病强制免疫计划进行免疫接种的，属违法行为，要承担相应的法律责任：由动物卫生监督机构对其责令改正，给予警告；拒不改正的，由动物卫生监督机构代做处理，所需处理费用由违法行为人承担，可以处1000元以下罚款(《动物防疫法》第73条)。

拒绝、妨碍代处理人员工作等同于妨碍国家机关工作人员执行公务，要依法论处。

6.8　饲养场(户)按规定报告动物疫情

报告动物疫情是动物饲养场的法定义务，也是动物卫生监督机构和官方兽医对饲养场监管的一项重要内容。

建立和完善动物疫情报告制度，加强监督检查，是动物卫生监督机构发现和掌握重大动物疫情的重要途径和手段。

任何单位和个人不得瞒报、谎报、迟报、漏报动物疫情，不得授意他人瞒报、谎报、迟报动物疫情，也不得阻碍他人报告动物疫情。

发现动物出现群体发病或者死亡的，应立即向当地动物卫生监督机构报告，动物卫生监督机构接到报告后还要按规定逐级上报。

饲养场主和官方兽医都要明确，动物疫情绝不仅仅是饲养场自己的事情，而是关乎社会公共利益和公共安全的大事。

只有及时快速地报告动物疫情，才能及时掌握疫情发生、发展的动态，以便采取相应的防控措施，迅速扑灭疫情。

如果官方兽医在监督检查中发现不履行疫情报告义务的，要对其责令改正；拒不改正的，要立案调查；证据确凿的，对违法行为单位处 1000 元以上 10000 元以下罚款，对违法行为个人可以处 500 元以下罚款。

6.9　建立和填写饲养场养殖档案

养殖档案是落实畜禽产品质量责任追溯制度，保障畜禽产品质量的重要基础，是加强畜禽饲养场(养殖小区)管理，建立和完善畜禽标识及动物疫病可追溯体系的基本手段。

畜禽养殖场、养殖小区养殖档案及种畜个体养殖档案格式按农业部规定文本准确、科学、规范的填写，具体要求如下：

(1)畜禽养殖场、养殖小区应当建立养殖档案内容包括畜禽的品种、数量、繁殖记录、标识情况、来源和进出场日期；饲料及饲料添加剂等投入品和兽药来源、名称、使用对象、时间和用量等有关情况；检疫、免疫、监测、消毒情况；畜禽发病、诊疗、死亡和无害化处理情况；畜禽养殖代码；国务院畜牧兽医行政主管部门规定的其他内容。

(2)种畜场饲养的种畜应当建立个体养殖档案注明标识编码、性别、出生日期、父系和母系品种类型、母本的标识编码等信息。

种畜调运时应当在个体养殖档案上注明调出和调入地，个体养殖档案应当随同携带。

(3)养殖档案保存时间商品猪、禽类等为 2 年，牛为 20 年，羊为 10 年，种畜禽长期保存。

(4)养殖档案格式按农业部规定文本填写。

6.10 配合动物卫生监督机构的监督检查

动物卫生监督机构执行监督检查任务，进入饲养场进行调查取证、查阅、复制与动物防疫有关的资料是法律赋予的职责，饲养场主不得拒绝和阻碍。

拒绝动物卫生监督机构进行监督检查属违法行为，由动物卫生监督机构责令改正；拒不改正的，依法对违法行为单位处 1000 元以上 10000 元以下罚款，对违法行为个人可处 500 元以下罚款。

6.11 落实国家检疫申报制度

《动物防疫法》第 42 条规定：屠宰、出售或者运输动物以及出售或者运输动物产品前，货主应当按照国务院兽医主管部门规定向当地动物卫生监督机构申报检疫。

这就确定了我国的动物检疫工作实施检疫申报制度，即货主在屠宰、出售或者运输动物，以及出售或者运输动物产品之前，应当按照国务院兽医主管部门的规定向当地动物卫生监督机构申报检疫。

申报时限为：①出售、运输动物产品和供屠宰、继续饲养的动物，应当提前3天申报检疫；②出售、运输乳用动物、种用动物及其精液、卵、胚胎、种蛋，以及参加展览、演出和比赛的动物，应当提前15天报检；③向无规定动物疫病区输入相关易感动物、易感动物产品的，货主除按规定向输出地动物卫生监督机构申报检疫外，还应当在起运3天前向输入地省级动物卫生监督机构申报检疫。

强调提前报检，就是要求动物出栏或动物产品离开产地前进行检疫，从而防止动物疫病传播，保证检疫质量。

另一方面，动物检疫作为一项行政许可，应当遵守《中华人民共和国行政许可法》(以下简称《行政许可法》)有关程序的规定，首先由货主向当地动物卫生监督机构申报检疫。

如果未申报检疫就出售、运输动物以及出售或运输动物产品的，则构成违法行为，当事人就要承担相应法律责任，动物卫生监督机构就要按未经检疫的情况依法进行处理处罚。

6.12　种用动物饲养场与一般动物饲养场监管有何不同

(1)在动物防疫条件方面，种畜禽场除具备饲养场的动物防疫条件外还应具备下列条件：①距离生活饮用水源地、动物饲养场、养殖小区和城镇居民区、文化教育科研等人口集中区域及公路、铁路等主要交通干线1000米以上；②距离动物隔离场所、无害化处理场所、动物屠宰加工场所、动物和动物产品集贸市场、动物诊疗场所3000米以上；③拥有必要的防鼠、防鸟、防虫设施或者措施；④有国家规定的动物疫病净化制度；⑤根据需要，种畜禽场还应当设置单独的动物精液、卵、胚胎采集区域。

(2)种用、乳用动物应当接受动物疫病预防控制机构的定期检测，达到国务院兽医主管部门规定的健康标准。

这是由于种用、乳用动物的特殊用途，且饲养存栏时间长、对当地养殖业生产和人体健康影响大，一旦染疫不仅本身长期散布病原横向传播疫病，还可能向下一代动物垂直传播疫病，严重影响生产性能。

所以，国家对这些动物的健康标准做出严格规定，经检测不合格的要进行淘汰或扑杀处理。

(3)从事种畜禽生产经营的单位和个人，还应当取得种畜禽生产经营许可证。

(4)跨省、自治区、直辖市引进种用动物、乳用动物及其精液、胚胎、种蛋需要省级动物卫生监督机构的审批，货主需凭调运审批手续到输出地动物卫生监督机构申报检疫，检疫合格后方可运输。

到达输入地后，在当地动物卫生监督机构的监督下，应在隔离场或饲养场(养殖小区)内的隔离舍进行隔离观察。

大中型动物隔离期为 45 天，小型动物隔离期为 30 天。

经隔离观察合格的方可混群饲养；不合格的，按照有关规定进行处理。

6.13　对病死、死因不明动物的处理的监管

病死或者死因不明的动物尸体是动物疫病最重要的传染源，如果处理不当，可以引发动物疫情，造成不可挽回的损失。

为了进一步规范病死及死因不明动物的处理，防止动物疫情传播，杜绝屠宰、加工、食用病死动物，保护畜牧业的发展和公共卫生安全，农业部于 2005 年 10 月制定下发了《病死及死因不明动物处置办法》(试行)，对饲养、运输、屠宰、加工、贮存、销售及诊疗等环节发现病死及死因不明动物的报告、诊断及处置工

作都做了具体规定。

规定要求任何单位和个人发现病死或死因不明动物时，都应当立即报告当地动物卫生监督机构，并做好临时看管工作，不得随意处置及出售、转运、加工和食用病死或死因不明的动物。

所在地动物卫生监督机构接到报告后，应立即派有关人员到现场做初步诊断分析，能确定死亡原因的应按照国家相应动物疫病防治技术规范进行处理，对非动物疫病引起死亡的动物，应在当地的动物卫生监督机构指导下进行处理。

对病死但不能确定死亡原因的，当地动物卫生监督机构应立即采样送县级或以上动物疫病预防控制机构确诊。

尸体要在动物卫生监督机构的监督下进行焚烧、深埋等无害化处理。

针对近些年个别养殖户、贩运者甚至屠宰加工场(点)法律意识淡薄，缺乏食品安全意识，随意丢弃病死动物甚至贩运、加工病死动物的情况，国务院办公厅《2012年食品安全重点工作安排》已将出售和屠宰病死畜禽及利用病死畜禽加工食品等列为违法犯罪行为。

《农业部2012年兽医工作要点》对此也做了专门部署和要求。

要求各级畜牧兽医主管部门和动物卫生监督机构务必高度重视，充分认识病死动物及动物产品的危害和无害化处理工作的重要性和艰巨性，进一步明确从事动物养殖、屠宰加工、运输贮藏等的单位和个人是动物及动物产品无害化处理的第一责任人，有关场所应配备无害化处理设施设备，建立无害化处理制度。

动物卫生监督机构承担监管责任，对违法的有关单位和个人要实施责任追究，坚决杜绝病死动物及产品流入市场、流向餐桌。

发现有屠宰、经营、运输病死动物或生产、经营、加工、贮藏、运输病死动物产品的，除按《动物防疫法》有关规定严格查处外，还要及时移交公安机关立案调查，依法追究当事人的刑事责任。

在对病死、死因不明的动物进行处理时，官方兽医要着重从以下几个方面进行监督：

(1)病死动物尸体的运送

①病尸运送前，无害化处理人员应穿戴工作服、口罩、胶鞋及手套，做好个

人防护。

②运送病尸要用密闭、不泄漏、不透水的容器包裹，用车厢和车底不透水的车辆运送。

③装运病尸前应将尸体各天然孔用蘸有消毒药液的纱布、棉花等柔软物品严密填塞。

④病尸放置过的地方，应用3%~5%氢氧化钠溶液喷洒消毒。

如果是土壤地面，则将土层连同尸体一起运走。

⑤运送过病尸的用具、车辆用2%~5%氢氧化钠溶液消毒；病尸处理人员的手套、衣物及胶鞋等用1∶300的强力消毒灵消毒。

(2)病尸处理无害化处理的方式有焚烧和深埋两种。

焚烧是较彻底的处理方法，大中型动物饲养场应配备焚烧处理设备。

现在一般饲养场采用深埋法，在进行深埋处理时官方兽医监督的重点为：①掩埋地点要远离学校、公共场所、居民住宅区、村庄、动物饲养场所和屠宰场所、饮用水源地、河流等地区。

②掩埋坑的长度和宽度根据尸体长短而定，要大于动物尸体的长度。

掩埋坑深不得少于2米，也可根据掩埋病尸的数量而定。

③在掩埋前应对需掩埋的病死动物尸体和病害动物产品实施焚烧处理，消灭尸体表层微生物。

④坑底铺撒2厘米厚的生石灰，将尸体侧卧放入，将污染的土层、捆绑尸体的绳索一同抛入坑内，用土覆盖，覆盖土层的厚度不少于1.5米，尸体掩埋后需将掩埋土夯实并与周围基本持平。

⑤焚烧后的病害动物尸体和病害动物产品表面，以及掩埋以后的地表环境应使用有效消毒药喷洒消毒。

6.14　检疫不合格的动物、动物产品的处理

动物卫生监督机构的官方兽医在对饲养场动物、动物产品实施检疫检出的不合格动物、动物产品必须做无害化处理，消除其传播动物疫病的可能性，以达到保护养殖业发展和人体健康，维护公共卫生安全的目的。

实际工作中，由于经济利益的关系货主往往不能自觉地接受检疫结果，不能主动对检疫不合格的动物、动物产品做无害化处理。

所以，《动物防疫法》第48条明确规定：经检疫不合格的动物、动物产品，货主应当在动物卫生监督机构监督下按照国务院兽医主管部门的规定处理，处理费用由货主承担。

进一步明确了对检疫不合格的动物、动物产品进行处理的实施主体为货主，监督主体为动物卫生监督机构。

6.15　病害动物及其产品进行销毁

①国家规定被确认为口蹄疫、猪水疱病、猪瘟、非洲猪瘟、猪密螺旋体痢疾、猪囊尾蚴、急性猪丹毒、非洲马瘟、牛瘟、牛传染性胸膜肺炎、牛海绵状脑病、痒病、蓝舌病、小反刍兽疫、绵羊梅迪　维斯纳病、绵羊痘和山羊痘、山羊关节炎脑炎、高致病性禽流感、鸡新城疫、炭疽、鼻疽、狂犬病、羊快疫、羊肠毒血症、肉毒梭菌中毒症、马传染性贫血病、钩端螺旋体病(已黄染肉尸)、布鲁氏菌病、结核病、鸭瘟、兔病毒性出血症、野兔热等染疫动物，以及其他严重危害人、畜健康的病害动物及其产品。

②病死、毒死或死因不明动物的尸体。

③经检验对人、畜有毒有害的、需销毁的病害动物及病害动物产品。

④从动物体割下来的病变部分。

⑤人工接种病原微生物或进行药物试验的病害动物及病害动物产品。

⑥国家规定的其他应该被销毁的动物和动物产品。

6.16　运载工具、垫料、包装物、容器的监管

动物、动物产品的运载工具、垫料、包装物、容器往往被监管人员忽视，如果这些物品消毒不彻底，或被染疫动物及产品污染后再接触动物，常常会引起动物疫病的发生。

为此，《动物防疫法》第 21 条明确指出：动物、动物产品的运载工具、垫料、包装物、容器等应当符合国务院兽医主管部门的动物防疫要求。

管理人必须严格遵守，搞好相关运载工具、垫料、包装物、容器的消毒和防疫工作。

如动物养殖单位和个人不履行此项义务，动物卫生监督机构要责令其进行无害化处理，所需处理费用由违法行为人承担，依法可处 3000 元以下罚款。

6.17　运载工具在装载前和卸载后的消毒

运载工具有可能携带一些对动物和人体有害的致病微生物或其他有毒有害物质，如果这些有害的致病微生物不及时清洗、消毒，有可能造成动物疫病的传播，危害动物和人体的健康。

运载工具在使用前后及时清洗消毒是饲养场主或承运人的法定义务，《动物检疫管理办法》明确规定：货主或者承运人应当在装载前和卸载后，对动物、动物产品的运载工具以及饲养用具，按照农业部规定的技术规范进行消毒，并对清除的垫料、粪便、污物等进行无害化处理。

如果饲养场主或承运人不履行这项义务，将要承担相应法律责任：由动物卫生监督机构责令改正，给予警告；拒不改正的，由动物卫生监督机构代做处理，所需费用由违法行为人承担，可处 1000 元以下罚款。

6.18　动物、动物产品的托运人、承运人的监管

动物疫病的传播途径较多，运输途径即是其中的一种。

动物、动物产品的运输途径包括铁路运输、公路运输、水路运输、航空运输。

为防止通过运输途径传播动物疫病，《动物防疫法》第 44 条规定：经铁路、公路、水路、航空运输动物、动物产品的，托运人托运时应当提供检疫证明；没有检疫证明的，承运人不得承运。

托运人必须提供检疫证明方可托运，这是动物防疫法为托运人设定的一项法律义务。

这项法定义务包括以下含义：一是这项义务是强制性的。

所谓强制性的，即托运人在运输动物、动物产品时必须提供检疫证明，不提供者不能托运。

二是托运人必须无条件地执行这项义务，托运人不能通过和承运人约定等方式改变这项义务，必须绝对遵守这一规定。

三是如果不执行这项法定义务则应承担相应的法律责任。

同样，承运人必须凭检疫证明方可承运，这也是《动物防疫法》为承运人设定的法律义务，同上述托运人的法定义务一样，该义务也包括下述含义：一是这项义务是强制性的，所谓强制性的，即承运人在承运动物、动物产品时必须要求托运人提供检疫证明，不提供的就不能予以承运。

二是承运人必须无条件的执行这项义务，承运人不能通过和托运人约定等方式改变这项义务，承运人只能绝对遵守这一规定。

三是如果不执行这项法定义务则要承担相应的法律责任。

6.19 动物、动物产品进入流通环节必备手续

检疫证明是动物、动物产品经检疫合格的法律凭证，进入流通环节的动物必须取得检疫证明。

动物产品除取得检疫证明外，还应附有检疫标志。

《动物防疫法》第43条明确规定：屠宰、经营、运输以及参加展览、演出和比赛的动物，应当附有检疫证明；经营和运输的动物产品，应当附有检疫证明、检疫标志。

凡没有检疫证明的动物，不得屠宰、经营、运输以及参加展览、演出和比赛；凡没有检疫证明、检疫标志的动物产品不得经营和运输。

一旦违反上述法律规定，货主还要承担相应法律责任，接受动物卫生监督机构依法进行的处理处罚。

6.20 "无规定动物疫病区"有何特别规定

世界动物卫生组织(OIE)制定的《动物卫生法典》将"无规定动物疫病区"表述为：在某一特定区域内，某种特定动物疫病达到了消灭标准。

根据达到这种标准是否采用了免疫接种措施，可分为"非免疫无(规定动物)疫病区"和"免疫无(规定动物)疫病区"。

2001年11月我国投资开始在鲁、辽、川、渝、吉、琼六省(市)建设无规定动物疫病区示范区。

(1)国家对动物疫病实行区域化管理和风险隔离制度我国的"无规定动物疫病区"除没有特定的动物疫病发生外，具有以下特点：一是地区界限应由有效的天然屏障或法律边界清楚划定；二是区域内要具有完善的动物疫病控制体系、动物卫生监督体系、动物疫情监测报告体系、动物防疫屏障体系以及保证这些体系正

常运转的制度、技术和资金支持；三是无疫病必须要有令人信服、严密有效的疫病监测证据支持，并通过国务院兽医主管部门组织的评估，由国务院兽医主管部门公布；四是除非实施严格的检疫，"无规定动物疫病区"不能从"非无规定动物疫病区"引入动物及其产品。

(2)国家对输入到"无规定动物疫病区"的动物、动物产品，采取更为严格的检疫措施"无规定动物疫病区"的动物疫病风险低于"非无规定动物疫病区"的风险，从风险高的区域向风险低的区域流动，要实行严格的检疫措施，这符合国际惯例。

因此，输入到"无规定动物疫病区"的动物、动物产品，货主应当按照国务院兽医主管部门的规定申报检疫，经检疫合格的方可进入，即货主除按规定对输入的动物、动物产品向输出地动物卫生监督机构申报检疫并取得检疫证明外，在到达输入地、进入"无规定动物疫病区"缓冲区前，还应当按照国务院兽医主管部门的规定向输入地动物卫生监督机构申报检疫，经检疫合格的方可进入。

这就为输入到"无规定动物疫病区"的动物、动物产品的货主设定了义务，如果货主不按照国务院兽医主管部门的规定申报检疫，或经检疫不合格而进入"无规定动物疫病区"，就属违法行为，就要承担相应的法律责任。

(3)重新检疫的费用问题"无规定动物疫病区"所在地地方人民政府要承担输入动物、动物产品重新检疫所需费用。

6.21　患有人畜共患传染病者饲养动物的问题

人畜共患病是指在脊椎动物和人之间自然传播和相互感染的疾病。

人畜共患病是严重威胁人类和动物健康的疾病，其病原包括病毒、细菌、支原体、螺旋体、立克次氏体、衣原体、真菌、原生动物和寄生虫等。

全世界已经证实的人畜共患传染病和寄生虫病有 250 多种，其中较为严重的有 89 种，我国已证实的人畜共患病约有 90 种。

若患有人畜共患传染病的人直接从事动物饲养、经营活动，容易将传染病传染给动物，造成人与动物间交叉传染。

所以，国家明确规定患有相关人畜共患传染病的人员不得从事动物饲养工作。

动物卫生监管工作实践中，我们要定期检查饲养场饲养人员是否取得了卫生防疫部门颁发的健康证，防止患有人畜共患传染病的人员从事动物饲养活动。

第7章 动物、动物产品的市场监管

7.1 动物、动物产品交易市场应具备的防疫条件

(1)专门经营动物的集贸市场应当符合下列条件

①距离文化教育科研等人口集中区域、生活饮用水源地、动物饲养场和养殖小区、动物屠宰加工场所500米以上，距离种畜禽场、动物隔离场所、无害化处理场所3000米以上，距离动物诊疗场所200米以上；

②市场周围有围墙，场区出入口处设置与门同宽，长4米、深0.3米以上的消毒池；

③场内设管理区、交易区、废弃物处理区，各区相对独立；

④交易区内不同种类动物交易场所相对独立；

⑤有清洗、消毒和污水污物处理设施设备；

⑥有定期休市和消毒制度；

⑦有专门的兽医工作室。

(2)兼营动物和动物产品的集贸市场应当符合下列动物防疫条件

①距离动物饲养场和养殖小区500米以上，距离种畜禽场、动物隔离场所、无害化处理场所3000米以上，距离动物诊疗场所200米以上；

②动物和动物产品交易区与市场其他区域相对隔离；

③动物交易区与动物产品交易区相对隔离；

④不同种类动物交易区相对隔离；

⑤交易区地面、墙面(裙)和台面防水、易清洗；

⑥有消毒制度。

活禽交易市场除符合上述条件外，市场内的水禽与其他家禽还应当分开，宰杀间与活禽存放间应当隔离，宰杀间与出售场地也应当分开，并有定期休市制度。

7.2　进入市场的动物、动物产品应如何监管

当地动物卫生监督机构应制定市场监督检查制度，安排专人对经营动物、动物产品的市场进行检查。主要检查：

①进入市场的动物有无检疫证明，畜禽标识佩戴是否齐全；动物产品有无检疫证明和检疫标志。检疫证明和检疫标志是否合法有效。证物是否相符。

②动物产品分割后包装销售的，其使用的包装物上是否印有省级动物卫生监督机构统一监制的检疫标志。

③常在摊位是否建立了载有进销货渠道、时间和检疫证明号码的台账，记录是否真实规范。

④相关记录和档案保存是否完整、齐全。

7.3　对市场的防疫消毒如何监管

①官方兽医要监督运输动物、动物产品的畜货主或承运人对运载车辆进行装前和卸后的清扫、消毒。

②每天或定期对场地进行清理，对清出的动物排泄物、垫料和其他污物要在动物卫生监督机构的监督下进行无害化处理。

7.4 商场、超市动物产品摊位如何监管

①首先查看经销动物产品的摊位是否建立载有进货来源、销售渠道和检疫证明号码的台账，登记是否真实规范；

②查看经营的动物产品是否附有动物检疫合格证明和检疫标志，证物是否相符；

③动物产品外包装是否按规定进行消毒处理。

7.5 动物产品加工场(点)如何进行监管

①查看动物产品加工单位和个人是否建立载有原料肉进货来源、产品销售渠道和检疫证明号码的台账，登记是否真实规范；

②定期或不定期地对动物产品的冷藏库或冷藏柜进行监督检查，检查存货是否附有动物检疫合格证明和检疫标志；

③监督动物产品加工单位和个人对运载工具及相关器具的消毒；

④相关记录和档案保存是否完整、齐全。

7.6 在市场上发现病死动物应如何处理

在市场发现染疫、病死、死因不明动物时，市场管理人员要立即报告当地动物卫生监督机构或驻市场负责监管的官方兽医并采取以下防疫措施：①对疑似染疫动物采取临时性的控制措施，迅速采样送检，对同群畜禽进行隔离观察；

②根据动物染疫的情况决定是否关闭动物交易市场；

③采取紧急防疫消毒措施；

④在动物卫生监督机构的监督下，对病死、死因不明的动物进行无害化处理。

7.7 动物、动物产品经营方面有哪些禁止性规定

禁止屠宰、经营、运输下列动物和生产、经营、加工、贮藏、运输下列动物产品：一是封锁疫区内与所发生动物疫病有关的；二是疫区内易感染的；三是依法应当检疫而未经检疫或者检疫不合格的；

四是染疫或疑似染疫的；五是病死或者死因不明的；六是其他不符合国务院兽医主管部门有关动物防疫规定的。

7.8 动物产品贮藏后继续调运或者分销的货主是否需要重新报检

从外地调入经检疫合格的动物产品到达目的地，贮藏后需继续调运或者分销的，货主应该向当地动物卫生监督机构重新申报检疫。

第8章 动物诊疗机构的监管

8.1 从事动物诊疗活动的机构应当具备的条件

从事动物诊疗活动的机构，应当具备下列条件：

①有固定的动物诊疗场所，且动物诊疗场所使用面积符合省、自治区、直辖市人民政府兽医主管部门的规定；

②动物诊疗场所选址距离畜禽养殖场、屠宰加工场、动物交易场所不少于200米；

③动物诊疗场所设有独立的出入口，出入口不得设在居民住宅楼内或者院内，不得与同一建筑物的其他用户共用通道；

④具有布局合理的诊疗室、手术室、药房等设施；

⑤具有诊断、手术、消毒、冷藏、常规化验、污水处理等器械设备；

⑥具有1名以上取得执业兽医师资格证书的人员；

⑦具有完善的诊疗服务、疫情报告、卫生消毒、兽药处方、药物和无害化处理等管理制度。

8.2　何谓执业兽医

执业兽医是指具备兽医相关技能，依照相关规定取得了兽医执业资格，并经注册从事动物诊疗等活动，或从事以盈利为目的的服务性工作的兽医人员。执业兽医包括执业兽医师和执业助理兽医师。

8.3　执业兽医资格的取得

现在，我国实行执业兽医资格考试制度，具有兽医相关专业大学专科以上学历的，可以申请参加执业兽医资格考试。考试合格的，由国务院兽医主管部门颁发执业兽医资格证书。从事动物诊疗的，还应当向当地县级人民政府兽医主管部门申请注册。由此可以看出，执业兽医制度主要有两项规定：一是准入限制，只有经过正规兽医、畜牧兽医、中兽医(民族兽医)或者水产养殖教育并取得相关专业大学专科学历后，方可参加执业兽医资格考试。二是申请注册，具有执业兽医资格证书的人员从事动物诊疗活动，必须在当地县级人民政府兽医主管部门注册。

8.4　动物诊疗许可证的取得

建立从事动物诊疗活动的机构，应当向县级以上地方人民政府兽医主管部门申请动物诊疗许可证。受理申请的兽医主管部门应当依照《动物防疫法》和《动物诊疗机构管理办法》的规定进行审查。经审查合格的，发给动物诊疗许可证；不合格的，应当告知申请人并说明理由。申请人凭动物诊疗许可证向工商行政管理部门申请办理登记注册手续，取得营业执照后，方可从事动物诊疗活动。

动物诊疗一般是指对动物疫病的诊断、治疗和动物保健、阉割、护理、体检等行为。许可对象包括：

①从事宠物疫病诊疗的动物医院、动物诊所；

②从事畜禽疫病诊疗的兽医站、诊断所、诊断中心等；

③大型养殖场内设的动物疫病诊断治疗部门；

④动物园、野生动物园等单位内设的动物疫病诊断治疗部门。

上述单位应当向县级以上地方人民政府兽医主管部门申请办理动物诊疗许可证，并提交以下材料：①动物诊疗许可证申请表；

②地理方位图、室内平面图和各功能区布局图；

③动物诊疗场所使用权证明；

④法定代表人(负责人)身份证复印件；

⑤执业兽医师资格证书原件及复印件；

⑥设施设备清单；

⑦管理制度文本；

⑧执业兽医和服务人员的健康证明材料。

兽医主管部门收到申请材料后，应当在 5 日内一次性告知申请人需要补正的全部内容和材料。兽医主管部门做出受理决定后，应当按规定对动物诊疗场所进行实地审核，并在受理起 20 个工作日内完成对申请材料的审核和对动物诊疗场所的实地考查，符合规定条件的，自做出同意的审核决定起 5 日内，应当向申请人发放动物诊疗许可证；不合格的，应当通知申请人并说明理由。

8.5 动物诊疗许可证载明的事项及变更时应注意的方面

动物诊疗许可证应当载明诊疗机构名称、诊疗活动范围、从业地点和法定代表人(负责人)等事项。动物诊疗许可证载明事项变更的，应当申请变更或者换发动物诊疗许可证，并依法办理工商变更登记手续。

(1)动物诊疗许可证载明的事项

①动物诊疗机构的名称对社会从事宠物诊疗活动机构的名称应当有规范的命名,诊疗机构名称由所在地名称+单位名称+动物医院组成,不具备从事动物颅腔、胸腔和腹腔手术能力的,不得使用"动物医院"的名称;本系统兽医站、诊疗所对外从事畜禽疫病诊疗活动的,诊疗单位名称应与隶属单位名称相一致;大型养殖场、动物园等单位内设的动物疫病诊疗部门名称为法定单位名称+诊疗部门名称。

②动物诊疗活动范围动物诊疗活动的范围包括执业项目和执业范围:一是执业项目。根据动物诊疗机构不同的场所,人员和设施设备条件,动物诊疗单位可以取得不同执业项目。主要包括:动物疫病诊断、动物疫病治疗、动物免疫、动物护理和保健、动物手术、动物健康检查、宠物芯片埋植等。二是执业范围。执业范围分两类,一类是对外提供动物诊疗服务,如动物医院、兽医站等。另一类是对本单位范围内动物提供诊疗服务,动物养殖场、动物园等单位内设的动物疫病诊疗部门原则上不能开展对外的诊疗服务。

③从业地点和法定负责人动物诊疗机构的从业地点即单位所在地,应当与其单位地址或工商营业执照所载地址相对应。对于动物医院等有独立法人的动物诊疗单位,动物诊疗许可证应注明其法定代表人姓名,对于养殖场、动物园等单位内设的动物诊疗部门,动物诊疗许可证应注明其负责人姓名。

(2)动物诊疗许可证变更或者换发的相关规定

如果动物诊疗许可证在有效期内,动物诊疗机构的单位名称、诊疗活动范围、从业地点和法定代表人(负责人)等事项发生变化的,应当申请变更或者换发动物诊疗许可证。

①变更动物诊疗单位的名称、法定代表人(负责人)发生变化,适用变更,变更可以不用进行实地审核,许可证明变更后,仍保留原证明的有效期。

②换发动物诊疗单位的执业项目、执业范围、从业地点发生变化的,适用换发,换发许可证明应重新进行实地审核,许可证明换发后,有效期从换发之日起重新计算。

另外,无论是许可证明变更或换发,均应在许可证明变更或换发后依法办理相应的工商变更登记手续。

8.6 动物诊疗活动中应做好的动物卫生安全方面的工作

动物诊疗机构应当按照国务院兽医主管部门的规定，做好诊疗活动中的卫生安全防护、消毒、隔离和诊疗废弃物处置等工作，有效预防动物疫病的扩散，避免动物诊疗过程中对人和其他动物的感染。

(1)卫生安全防护

动物诊疗单位应当采取措施，减少住院动物和就诊动物之间、畜主和患病动物之间的接触，同时做好诊疗单位工作人员的防护，避免感染事故的发生。

(2)消毒

动物诊疗单位应当制定科学的消毒制度，定期对诊疗场所、设施设备、器械及环境进行消毒，有效切断疫病传播途径。

(3)隔离

首先是区域与区域之间的隔离，如诊疗区、病房、手术区、化验区等均应做到相对隔离，可以避免疫病横向传播，确保手术的安全和检验结果的准确。其次是对染疫动物的隔离。动物诊疗单位应当设置染疫和疑似染疫动物的隔离设施，一旦发现染疫动物，应当立即采取隔离措施，如果是法定报告传染病，要及时向当地兽医主管部门、动物防疫机构或动物卫生监督机构报告，防止动物疫病的扩散和传播。

(4)诊疗废弃物处置

诊疗废弃物是指动物诊疗机构在诊断、治疗、预防、保健以及其他相关活动中产生的具有直接或者间接感染性、有毒或者其他危害性的废物，包括动物尸体、动物组织及其分泌物、使用过的针头、纱布等，这些物品如果处理不当极有可能成为传染源，导致人或动物感染。因此，动物诊疗单位应当建立诊疗废弃物管理责任制，及时收集本单位产生的诊疗废弃物，并按照类别分置于防渗漏、防锐器穿透的专用包装物或者密闭的容器内，送专门的诊疗废弃物处置点进行统一处理。对于诊疗过程中产生的污水，也应进行无害化处理或消毒后再行排放。

8.7 国家对动物诊疗的技术规范和药械的要求

《动物防疫法》第 56 条规定：从事动物诊疗活动，应当遵守有关动物诊疗的操作技术规范，使用符合国家规定的兽药和兽医器械。不按照技术操作规范或者使用不符合国家规定的兽药和兽医器械从事动物诊疗活动，极易引起动物诊疗事故，造成人民群众财产损失，甚至引发动物疫情。一是操作技术方面。操作技术规范主要指的是安全防护、消毒、检验操作、处方填写、处方与病历保存、手术、隔离、无害化处理等动物诊疗各个环节的技术规范。二是使用兽药和兽医器械方面。执业兽医在动物诊疗活动中应当使用符合国家规定的兽药和兽医器械，违者就要依照动物防疫法的相关规定追究其法律责任。

参 考 文 献

[1] 李一经.猪传染性疾病快速检测技术.北京：化学工业出版社，2008.

[2] 王志亮.现代动物检验检疫方法与技术.北京：化学工业出版社，2007.

[3] 王子轼.动物防疫与检疫技术.北京：中国农业出版社，2006.

[4] 马兴树.禽传染病实验诊断技术.北京：化学工业出版社，2006.

[5] 刘泽文.实用禽病诊疗新技术.北京：中国农业出版社，2006.

[6] 梁勤.蜜蜂病害与敌害防治.北京：金盾出版社，2006.

[7] 李凯年等.透视动物疫病对肉类产品国际贸易的影响.中国动物保健，2006，(4)：15-17.

[8] 葛兆宏.动物传染病.北京：中国农业出版社，2005.

[9] 黄琪琰.淡水鱼病防治实用技术大全.北京：中国农业出版社，2005.

[10] 陈向前,康京丽.尽快确立 SPS 贸易争端国内政策审议机制———美国成功经验对我们的启示.中国动物检疫，2005，22(3)：4-6.

[11] 农业部人事劳动司 农业职业技能培训教材编审委员会.动物检疫检验工.北京：中国农业出版社，2004.

[12] 李克荣.动物防检疫技术与管理.兰州：甘肃科学技术出版社，2004.

[13] 董彝.实用禽病临床类症鉴别.北京：中国农业出版社，2004.

[14] 刘金才、康京丽,陈向前.试论解决国际贸易争端中决定胜负的关键性因素.中国动物检疫，2004，21(3)：1-3.

[15] 张彦明.兽医公共卫生.北京：中国农业出版社，2003.

[16] 姜平.兽医生物制品学.第 2 版.北京：中国农业出版社，2003.

[17] 陈向前，汪明.动物卫生法学.北京：中国农业大学出版社，2002.

[18] 戴诗琼.检验检疫学.北京：对外经济贸易大学出版社，2002.

[19] 吴清民.兽医传染病学.北京：中国农业大学出版社，2002.

[20] 刘键.动物防疫与检疫技术.北京：中国农业出版社，2001.

[21] 陈杖榴.兽医药理学.第 2 版.北京：中国农业出版社，2001.

[22] 蔡宝祥.家畜传染病学.第 4 版.北京：中国农业出版社，2001.

[23] 杨廷桂.动物防疫与检疫.北京：中国农业出版社，2001.

[24] 张宏伟.动物疫病.北京：中国农业出版社，2001.

[25] 许伟琦.检疫检验手册.上海：上海科学技术出版社，2000.

[26] 王桂枝.兽医防疫与检疫.北京：中国农业出版社，1998.

[27] 曾元根，徐公义.兽医临床诊疗技术.第 2 版.北京：化学工业出版社，2015.

[28] 刘振湘，梁学勇.动物传染病防治技术.北京：化学工业出版社，2013.

[29] 任克良.图说高效养肉兔关键技术.北京：金盾出版社，2012.

[30] 田在滋，何明清.动物传染病学[M].石家庄：河北科学技术出版社，1992.

[31] 徐定人，徐百万.动物检疫 800 题[M].北京：时事出版社，1998.

[32] 王桂柱，姚国安，王诚.动物产地检疫[M].北京：金盾出版社，2007.

[33] 王志君.动物卫生监督与检疫[M].北京：中国农业出版社，1995.

[34] 王诚，张福林，王桂柱.畜禽屠宰检疫[M].北京：金盾出版社，2007.

[35] 刘跃生.动物检疫[M].杭州：浙江大学出版社，2011.